基于光栅投影的玻璃缺陷在线检测技术

金 永 著

北京理工大学出版社
BEIJING INSTITUTE OF TECHNOLOGY PRESS

图书在版编目（CIP）数据

基于光栅投影的玻璃缺陷在线检测技术／金永著．—北京：北京理工大学出版社，2016.6

ISBN 978 - 7 - 5682 - 2508 - 3

Ⅰ.①基… Ⅱ.①金… Ⅲ.①光栅 - 投影 - 应用 - 玻璃缺陷 - 在线检定 Ⅳ.①TQ171.6

中国版本图书馆 CIP 数据核字（2016）第 134923 号

出版发行／北京理工大学出版社有限责任公司

社　　址／北京市海淀区中关村南大街 5 号

邮　　编／100081

电　　话／（010）68914775（总编室）

　　　　　（010）82562903（教材售后服务热线）

　　　　　（010）68948351（其他图书服务热线）

网　　址／http：//www.bitpress.com.cn

经　　销／全国各地新华书店

印　　刷／保定市中画美凯印刷有限公司

开　　本／710 毫米 ×1000 毫米　1/16

印　　张／10.75　　　　　　　　　　　　责任编辑／钟　博

字　　数／184 千字　　　　　　　　　　　文案编辑／钟　博

版　　次／2016 年 6 月第 1 版　2016 年 6 月第 1 次印刷　　责任校对／周瑞红

定　　价／42.00 元　　　　　　　　　　　责任印制／王美丽

前　　言

我国是平板玻璃生产大国，其产量居世界首位，但由于生产工艺的限制，玻璃产品中不可避免地产生夹杂物、气泡、划伤和光学变形缺陷，缺陷的存在不仅破坏了玻璃产品的外观和光学均匀性，而且影响玻璃产品的质量等级，因此针对生产线上的玻璃带进行缺陷检测，对改进玻璃生产工艺、提高产品质量具有重要意义。

本书总结了作者近年来在玻璃缺陷检测方面的研究成果，从玻璃缺陷的实际检测要求出发，解决制约光栅投影技术用于玻璃缺陷在线检测的关键问题。本书系统地介绍了基于光栅投影的玻璃缺陷在线检测技术、快速云纹图像处理方法，以及相位图像和缺陷图像的处理方法等。本书的研究为光栅投影法应用于玻璃带的缺陷在线检测奠定了理论和实践基础。

全书共分为6章。第一章分析了玻璃缺陷在线检测技术的研究现状，以及本书论述的主要内容；第二章根据玻璃缺陷检测的要求，设计了玻璃缺陷在线检测的总体方案，给出了各主要功能模块的设计与实现方法；第三章研究了云纹图像的校正方法，改进了一维傅里叶变换法，研究了傅里叶反变换结果的边缘效应消除方法，得到了缺陷相位主值图像和缺陷特征图像；第四章通过包裹相位主值的展开原理的分析，提出了基于跳变校正的相位展开算法，研究了基于相位真值差图像的屈光度测量方法，并确定了缺陷范围；第五章对于提取的缺陷范围内的缺陷特征图像实现了准确分割，给出了缺陷特征的三值化图像的合成方法；第六章根据缺陷特征图像和三值化分割结果，提取了特征参数，实现了典型缺陷类型的分类识别，给出了含有内核缺陷和不含有内核缺陷的大小、位置的计算方法，进行了检测精度和最小缺陷检出能力的测试，以及检测的实时性和测试玻璃的实际检测。

本书由金永撰写和统稿。石兵华、喻宾扬、瓮佳良、王夙哲、杨继亮和孔小丽等研究生提供了部分研究资料，作者的恩师，中北大学博士生导师王召巴教授，在本书的撰写过程中给予了悉心的指导和帮助，布鲁内尔大学的李茂贞教授也给予了非常有益的建议。在此向他们表示衷心的感谢。

作者在写作过程中参阅了近年来的研究成果，在此向本书中出现的所有参考文献的作者以及为本书的出版付出辛勤劳动的同志表示衷心的感谢！

本书在撰写过程中还得到了中北大学学科建设项目、中北大学科技创新团队支持计划和山西省留学基金的资助，在此一并感谢。

限于作者的水平，书中难免会有不完善之处，恳请广大专家、同行予以批评指正。

作　者

2016. 1

目　　录

第一章 绪 论

1.1 引言

中国建筑玻璃与工业玻璃协会的统计数据显示，截至 2012 年年底，全国共有浮法玻璃生产线 274 条，其中在产生产线为 213 条，在产生产线的产能为 8.8 亿重量箱，浮法、压延、平拉等平板玻璃生产线的总产能为 12 亿重量箱。2012 年，全年平板玻璃产量为 7.6 亿重量箱，销量为 7.22 亿重量箱，产销量连续 20 多年稳居世界第一[1]。

在玻璃生产中，会产生诸如夹杂物、气泡、划伤和光学变形缺陷等缺陷，影响玻璃产品的质量，为了提高浮法玻璃的质量和玻璃质量等级划分，必须对浮法玻璃带进行缺陷在线检测。浮法玻璃带是指采用浮法生产工艺、在生产线上连续生产、宽度为 3~4 m、未经切割的玻璃。在玻璃生产线速度较慢的时候，一般采用人工检测的方法，随着浮法玻璃生产工艺的改进、生产速度的提高，人工方式的缺陷检测已不能满足技术发展的要求。因此，在玻璃生产过程中，必须装备玻璃缺陷在线检测设备，这一方面可以实时为修正玻璃生产工艺参数提供依据，另一方面可以实时检测玻璃质量，及时按照玻璃质量标准进行分类堆垛。

本书将光栅投影法应用于玻璃带缺陷的在线检测，通过将余弦光栅投影到被测玻璃带表面，利用玻璃缺陷的调制在玻璃表面产生变形的云纹图像，通过图像处理方法提取出缺陷云纹图像的相位信息和缺陷特征信息，实现基于光栅投影的玻璃缺陷在线检测。

1.2 玻璃缺陷检测方法和装置概述

1984 年，意大利的 Mitra. S. K 和 Parker. J. M 研究了一个能够识别四十多种玻璃缺陷的检测系统[2]，后来德国的 Schmiedl. R 又对浮法玻璃生产线上的玻璃缺陷检测系统进行了更深一步的研究[3]，英国的 Latham. V 等人研发了平板玻璃的光学自动检测系统，并利用玻璃的光学特性检测玻璃制品的形状和内部缺陷[4]。

美国图像自动化公司研制的 FASTSCAN 系统如图 1.1 所示。该系统由激光发射装置发射一束红色的激光对玻璃带进行扫描，采集透射后与反射后的激光，并运用光电倍增管和位移敏感探测器来完成对激光信号的分析，得到缺陷的信息，可用于对划痕和点状缺陷的检测[5]。该系统对不同厚度的玻璃进行检测时，需要人工调整检测设备[6]。

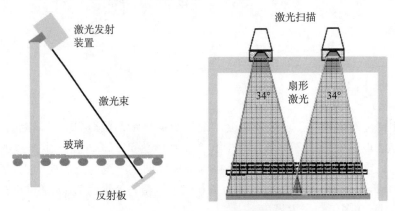

图 1.1　FASTSCAN 系统的结构示意

1991 年，余干文等人发明了一种浮法玻璃缺陷在线自动检测装置[7]。该装置采用特殊的激光阵列，对缺陷进行光学放大后将之转化成电信号再进行信息处理，该装置能识别长度小于 0.05 mm 的缺陷。

由上海交通大学研制的玻璃缺陷的光学检测装置[8]，其原理是利用激光从玻璃侧面入射，使玻璃中的缺陷成为散射体，通过相机采集图像，由图像处理的方法判断缺陷，但是该装置由于采用激光从玻璃厚度侧面入射，无法实现玻璃缺陷的在线检测[9]。

LASOR 公司生产的一种新型的浮法玻璃检测设备——2f1 检测系统，如图 1.2

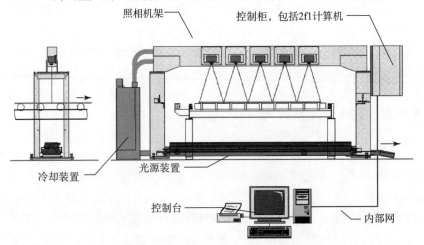

图 1.2　LASOR 公司 2f1 检测系统的结构示意

所示。该系统采用的光源是发光二极管阵列，通过安装在设备上端的线阵 CCD 相机对运行的玻璃带进行扫描，获取玻璃图像信息，再运用高速的 DSP 处理系统对采集的信息进行分析处理，达到对玻璃缺陷检测与分类的目的[10,11]。该系统的检测精度达 0.1 mm，但设备的光源系统、采集系统、高速处理系统造价昂贵，安装和维护费用较高[12,13]。

由长沙科创计算机集成有限公司研制的 CGD – 2 玻璃缺陷在线自动检测系统，能在线自动检测玻璃熔化和成型过程中形成的缺陷[14]。如图 1.3 所示，该系统由光源、实时图像系统和生产质量管理信息系统三部分组成，采用了光学变换技术和特殊的光阵布置，对细小缺陷进行了充分放大，而玻璃表面附着的灰尘、污渍因放大不足而被平滑掉，它采用数字像处理技术有效地消除了背景干扰，实现了二维处理，可检测出长度小于 0.2 mm 的点状缺陷[15]。

图 1.3　CGD – 2 玻璃缺陷在线自动检测系统

由华中科技大学研制的基于机器视觉的浮法玻璃缺陷在线检测装置，其原理是利用玻璃缺陷会吸收光线和折射发生变化，导致 CCD 相机接收到的光子数目发生改变，从而引起光学成像差异。系统通过检测这种光学差异，能对玻璃生产过程中所产生的夹杂、气泡、锡点、结石、光畸变等缺陷进行在线检测[16-21]。

王文超、解秀梅、王飞等人均采用基于线阵 CCD 的机器视觉方法实现玻璃缺陷的检测[22-24]，周欣采用基于面阵 CCD 的机器视觉方法实现了玻璃缺陷的检测。由于这些方法均依赖玻璃缺陷对光线的吸收和折射，因此也不具有屈光度较小的光学变形缺陷的检测能力[25]。

伊斯拉公司生产的在线莫尔检测系统可以检测出浮法玻璃质量标准中的全部缺陷[26]。当有缺陷的玻璃移动时，莫尔条纹发生变化，根据折射光的强度和梯度计算出缺陷的形状和光学变形的强度，也能够实现屈光度较小的光学变形缺陷的检测。利用莫尔云纹的梯度来计算缺陷信息，使得环境中粉尘和振动对检测结果影响很大，这不仅增加了设备维护成本，而且容易产生误检[27]。

2005年，杨淑连运用虚拟莫尔云纹技术测量光学变形缺陷的斑马角[28]。2006年，周王民等人采用平行偏振光成像系统和CCD图像采集与处理技术，实现了平板玻璃样品侧向均匀性分布的检测[29]。

2006年，蔡继红等人采用实时相移数字云纹技术进行了玻璃缺陷检测研究[30]。该方法利用荧光灯作为光源，将余弦光栅投影到玻璃表面，通过线阵CCD相机采集玻璃表面云纹图像，利用差影法和数字相移技术对云纹图像进行处理，可实现全部缺陷的检测，玻璃缺陷检测精度为0.5 mm。

1.3　光栅投影法的研究概述

1.3.1　光栅投影的三维形貌测量方法

当前，光栅投影法主要用于三维形貌的测量，其测量原理[31,32]为：将光栅分别投影到参考平面和被测物体表面，投影到参考平面上的参考光栅不会发生变形；当光栅被投射到待测物体表面时，由于投影光栅受被测物体表面高度的调制，光栅会产生不同程度的变形，待测物体的高度不同，光栅的变形程度不同。因此，二维平面上的变形云纹携带有待测物体表面的三维形貌信息，采用CCD相机采集变形云纹，并对采集得到的云纹图像进行处理，可以求得物体表面的相位分布，并可根据几何关系计算出被测物体表面的高度分布，重构出物体表面的三维形貌。

基于光栅投影的三维测量系统一般由投影光栅、CCD摄像机、图像采集卡、计算机等构成。典型的测量系统根据成像设备和投影设备的空间位置的不同，可分为交叉光轴和平行光轴两种。平行光轴结构可以减小参考平面上的投影光栅的变形，但测量范围受限于投影光场和成像光场的重叠部分，并且难于调整，测量范围有限，较少使用；交叉光轴结构可以获得较大的有效测量场，但由于光栅偏置，参考面上的云纹分布不均匀，相位呈非线性分布。

将光栅投射到参考平面上，其光强分布 $I_r(x,y)$ 可表示为：

$$I_r(x,y) = a(x,y) + b(x,y)\cos[2\pi f_0 x + \phi_r(x,y)] \qquad (1.1)$$

式中，$a(x,y)$ 为背景光强分布，$b(x,y)$ 为局部云纹幅度，f_0 为载波频率，$\phi_r(x,y)$ 为初始相位值。

按照多步相移法采集参考面上的云纹作为参考云纹图像，在参考平面上放置待测物体，光栅云纹被物体的高度所调制，从而得到变形云纹；同理，按照多步相移法采集被测物体上的云纹图像，变形云纹的表达式为：

$$I_0(x,y) = a(x,y) + b(x,y)\cos[2\pi f_0 x + \phi_0(x,y)] \tag{1.2}$$

根据采集到的两组云纹图像，采用相位求解方法，可分别求得参考面和被测物体上的相位分布 $\phi_r(x,y)$ 和 $\phi_0(x,y)$，则由待测物体所引起的相位变化为：

$$\Delta\phi(x,y) = \phi_0(x,y) - \phi_r(x,y) \tag{1.3}$$

根据所选择的模型和结构参数，可推导出高度 h 和相位差 $\Delta\phi(x,y)$ 之间的关系，从而得到物体的高度分布。

1.3.2 云纹相位的求解方法

典型的相位求解方法主要包括传统莫尔等高法[33]、时域法和空域法。

1. 传统莫尔等高法

莫尔等高法是将变形光栅与周期相同的参考光栅相叠加，通过观察图像描绘出物体的等高线。该方法通过分配云纹级次和确定云纹中心来解调等高线上的高度信息，这种方法丢失了符号信息，无法从一幅等高线图上判断凹凸，只能在等高线上测量高度信息，而等高线之间则需要进行插补运算。这种方法在现代三维形貌测量中已很少使用。

2. 时域法

时域法中最具代表性的是相移法[34]。相移法是利用投影多幅光栅图像（每两幅光栅之间有确定的相位差）来解调相位，以获得相位主值的方法。

相移法有多种实现方法，最常用的是 N 步法，通过将正弦云纹移动 $N-1$ 次，每次移动的相位量为 $2\pi/N$，从而得到 N 幅云纹图像，相位主值可用如下公式逐点计算得到：

$$\psi(x,y) = \arctan\left[\frac{\sum_{i=0}^{N-1} I_i \sin(i2\pi/N)}{\sum_{i=0}^{N-1} I_i \cos(i2\pi/N)}\right] \tag{1.4}$$

常用的相移法有三步法、四步法和五步法。其中三步法采集图像量少，处理速度快，但不能有效地抑制相移误差对检测精度的影响；四步法能有效地抑制 CCD 相机的二次非线性响应，但也不能有效地抑制相移误差对检测精度的影响；N 步法能抑制 CCD 相机的二次非线性响应，可减小相移误差对检测精度的影响，但是采集图像数量较多。

相移法是一种在时间轴上的逐点运算，不会造成全面影响，可以用较粗的光栅云纹达到很高的灵敏度，另外，这种方法具有一定的抗静态噪声的能力。因此，该方法已成为目前三维测量方法中最成熟、最可靠的一种。

3. 空域法

空域法只用一幅变形云纹图像就可以解调相位信息，因而更适合动态的三维测量。常见的空域有卷积解调法和傅里叶变换法等，其中傅里叶变换法的相关研究最多，应用最广。

1) 卷积解调法

该方法是求解云纹相位的一种完全的数学方法。首先，在云纹上选择合适的起始位置，得到云纹的数学解析表达式，然后通过将云纹信号与正余弦函数相乘得到云纹中的低频分量，最后通过求解反正切函数的方法可以得到云纹的相位。该方法的缺点是需要在云纹上选择合适的起始位置，对信号加以适当的截取。

2) 傅里叶变换法[35]

该方法是将周期光栅投影到待测三维物体表面，对采集到的云纹图像进行傅里叶分析、滤波和逆傅里叶变换，然后从变形云纹图像中提取三维型面信息。

用傅里叶变换法求解相位的优势在于可只用一幅云纹图来解调相位信息，速度较快，适合动态测量。在实际应用中，傅里叶变换法存在以下主要问题：

第一，计算量相对较大，其测量精度不如相移法。

第二，会产生频率泄漏，背景和云纹的频谱都具有频率无限性，但由于截断的原因，每幅云纹图像相当于对整个光场乘以一个相应于图像尺寸的矩形窗函数，因而完全分离两者是不可能的。

第三，会产生抽样偏差，由于要在频域内作频移，必须找准基频点，当采用离散数字信号时，选取的基频点必然是整数，当抽样不能取整周期时，偏差是不可避免的。

第四，被测对象有限制，如果被测曲面的深度变化较快，在图像上显示为云纹堆积，即造成采样不足，调制的云纹图像在频域的各次谐波就不能很好地分离。

针对傅里叶变换法精度不高的特点，国内外学者提出了很多改进方法，包括短时傅里叶变换法、加窗傅里叶变换滤波法、基于双频光栅傅里叶变换法、复合条纹相移傅里叶变换法、彩色条纹相移傅里叶变换法等[36-43]。这些方法虽然能提高傅里叶变换法的求解精度，但均具有很强的针对性，不利于云纹图像的实时处理。

1.3.3 相位展开方法

无论采用哪种相位求解方法，相位信息都是通过计算反正切函数得到的，由于反正切函数本身的性质，所得到的相位值被包裹在（$-\pi$，π）。因此必须对包裹的相位进行展开，得到真实的相位值。

1982 年，Itoh 首次用数学的方法分析了一维相位展开问题，并指出相位展开可以通过对包裹相位梯度的积分或求和来实现，奠定了路径积分法的理论基础，并且将一维相位展开推广到了二维相位展开[44]。1988 年，R. M. Goldstein 将留数定理应用到二维相位展开中，提出了残差点的概念和残差点的判定方法，并且提出了 Goldstein 枝切法，其在相位展开过程中使用枝切线来连接和平衡极性相反的残差点，使得相位展开可以通过绕开枝切线的任意路径进行[45]。1991 年，Bone 通过比较残差点和质量图的关系发现，引起相位展开误差的残差点对应的质量值比较低，在此基础上提出了质量图导引法，即通过一个能表征包裹相位质量的质量图来导引相位展开[46]。1994 年，Ghiglia 提出了基于最小二乘法的相位展开法[47]。它利用了全局最优解的思想，通过引入相应的目标函数，在一定的约束条件内求解最优的相位展开结果。

除了上述几种典型的相位展开方法之外，还有掩模法、Flynn 法、加权多重网格法、共轭梯度法、最 Lp 范数法等，这些算法都是在典型算法上衍生而来的，并且适用于解决特定问题[48-53]。如上各种相位展开算法，均是为了解决不同应用领域中包裹相位的问题而提出的，因此具有一定的适用范围和局限性。

1.4　图像分割方法的研究概述

将缺陷信息从缺陷图像中分割出来，除了直接进行像素级分割外，还包括基于视觉特征的边缘、形状、纹理和区域等分割方法，基于统计特征的直方图特征、相关特征等分割方法，以及基于特定理论和方法的数学形态学等分割方法[54-56]。对于玻璃缺陷图像的分割，广泛应用的分割方法主要可分为三类：基于梯度的分割方法、基于阈值的分割方法和基于结构元素探测的分割方法。

1.4.1　基于梯度的分割方法

目标（缺陷）边缘是图像局部特征的反应，是以像素之间灰度值差突变的形式出现的。根据边缘的特征，一般采用一阶梯度的极值或者二阶梯度过零点的信息作为边缘的判断条件，常用的算子有 Roberts 算子、Sobel 算子、Prewitt 算子、LOG 算子、Canny 算子[57,58]。这类算子在算法上实现容易，运算速度快，如文献［59-60］分别利用 Sobel 算子、Canny 算子提取玻璃缺陷图像的边缘，但是其边缘的连续性和封闭性难以保证。

1.4.2　基于阈值的分割方法

阈值分割是一种传统的图像分割算法，人们现已提出了大量算法，这些算法的核心是确定合理的分割阈值，大部分的算法都集中在阈值确定的研究上。分割阈值的确定方法可以分为固定阈值和自适应阈值两种方法。固定阈值需要对图像的特征具备先验知识，而自适应阈值则根据图像自身的特征计算出分割阈值，因此自适应阈值的分割方法也是国内外学者的研究重点。

Ridle 和 Calvard 在高斯混合模型的基础上提出了迭代选取最佳阈值的方法[61]，这种算法实现简单，且运算速度快，如文献［62］中利用 LOG 算子提取缺陷边缘细节，并在边缘检测的基础上采用迭代阈值法的图像分割，但是确定的阈值精度不高。日本学者 Nobuyuki Ostu 在判别分析最小二乘法的基础上推导提出的一种常用的自适应阈值分割算法，依据类间距离最大准则来确定阈值[63]。Kapur 基于图像信号的随机性，将信息熵的概率应用到图像处理领域中，提出了最大熵图像分割方法[64]。这种算法的最优准则是使两个目标和背景的独立香农熵和最大，它适用于目标（背景）内部的灰度呈均匀分布的场合。香港学者 C. H. Li 基于最小化信息理论，根据计算 Kullback - Leibler 距离来确定阈值，提出了最小交叉熵方法[65]。这种算法强调分割前后图像之间的信息差异量最小。

国内外学者根据玻璃缺陷图像的特点提出了很多缺陷的阈值分割算法，如文献［66］提出的基于自动跟踪阈值缺陷分割算法，用于消除由镜头和相机畸变以及光源不均匀所引起的图像灰度分布不均匀。文献［67］利用阈值迭代算法，对缺陷图像进行二值化。文献［68］提出了基于双阈值自适应的阈值分割法，即根据全局灰度变换获得两个阈值，将图像分割成三部分，并成功分割出背景、缺陷和边界。上述的分割方法所处理的都是灰度对比度较大的缺陷特征图像，难以适用于对比度差异较大的多种类型的缺陷特征图像的分割。

1.4.3　基于结构元素探测的分割方法

基于结构元素探测的分割方法是以特定的结构元素去度量和提取图像中的对应形状以达到图像分析和识别的目的，其实现过程为：将图像等效为集合，并用结构元素在图像上平移，同时进行相应的数学运算，来探测集合中的不同成分。

1975 年，法国学者 Matheron 和 Serra 等人将积分几何的研究成果应用到图像处理领域，首次提出了基于数学形态学的图像处理方法[69,70]。数学形态学是以结构元素为基础对图像进行分析的数学工具，其实质是图像和结构元素间的相互作用，其基本运算包括腐蚀、膨胀、开运算、闭运算。根据处理对象的不同，其可分为灰度数学形态学和二值数学形态学[71-73]。

结构元素是形态学的基本算子，结构元素的形状和尺寸决定了图像分割的效果和质量，结构元素的形状可以为圆盘形、正方形、菱形、六边形等[74]。文献［75］改进了 SUSAN 算法的边缘检测精度，文献［76］提出了自适应阈值的 SUSAN 算法，使边缘和角点的检测更准确。文献［77］研究了结构元素形状和尺寸的选取算法。文献［78］提出了一种自适应的结构元素选取方法，根据预先训练的 Gabor 小波网络提取出图像的一些重要特征，并根据这些特征构造出一个结构元素。文献［79］采用灰度形态学的方法对缺陷图像进行滤波处理。虽然基于结构元素探测的算法在检测精度上没有明显优势，但其实现过程简单，运算速度快，由于所考察的是图像中的形状区域特性，能较为准确地找到缺陷的位置。

针对单一的分割算法不能取得较好的分割效果，一种改进的思路是结合两种或多种分割算法对图像进行分割。如文献［80］采用最大类间方差法结合数学形态学进行灰度阈值分割，文献［81，82］采用 Canny 算子识别出目标的最小区域，再对每个小区域进行自适应阈值分割，最后进行二值形态学处理。

作者在如上分割算法的基础上，针对缺陷图像的特点和实时性的要求，研究了适用于多种类型的缺陷相位图像和缺陷特征图像的分割方法。

1.5　缺陷特征参数的提取和分类方法研究概述

1.5.1　缺陷特征参数的提取方法

能够表示缺陷特征的参数有很多种，常用的几何特征参数有缺陷的长度、宽度、长宽比、长宽差、周长、圆度、拉伸度、面积、平均灰度、欧拉数等。除了传统的几何特征表示方法外，还有多种数学特征参数，如灰度共生矩阵（GLCM），以及导出能量、熵、自相关、局部平稳度和惯性矩等，但是区分效果不明显[83,84]。目前也有学者借鉴其他不规则缺陷的提取方法，如钢板缺陷的网格特征、道路缺陷的小波特征等[85-90]。缺陷特征参数的提取直接影响缺陷类型的识别，提取的缺陷特征参数的区分性越好，越有利于后续的缺陷分类。玻璃缺陷类型的识别是具有很高相似度的多类识别问题，因此选择具有区分性好的特征是提高缺陷识别正确率的关键问题。

1.5.2　缺陷特征的分类方法

缺陷特征的分类的方法很多，大致可以分为两大类：传统的统计分类技术和机器学习分类技术[91]。传统的统计分类技术主要有基于统计的分类算法，机器学习分类技术主要有决策树算法、神经网络算法、支持向量机等。机器学习的分类算法是根据人类学习机理建立计算模型或者认知模型，发展各种学习理论和学习方法，研究通用的学习算法并进行理论上的分析，从而建立面向任务的学习系统。

在基于统计技术的分类算法的设计过程中，先假设以某种参数控制的分布模型，然后估计计算模型参数，以参数为特征或采取某种分类策略进行分割。其中常用的分布模型是随机模型，它以概率模型来描述信息，一般采用最大似然估计、最小二乘估计等。常用的分类策略有：贝叶斯法、距离判定法、Fisher 判别法、k - 近邻分类及线性分类等[92-94]。

基于决策树的分类算法，是一种基于句法模式的模式识别方法。决策树通常可以看作一个树状预测模型，它通过把实例从根节点排列到某个叶子节点来分类，叶子节点即为实例所属的分类。决策树的分类算法有很多，有ID3、C4.5、CART 等[95-97]。这类算法均采用自顶向下的贪婪算法，每个节点选择分类效果最好的属性将结果分成两个或者多个子节点，继续这一过程，直到这棵树能准确地分类。

基于神经网络的分类器包括误差反向传播神经网络（BP 神经网络）、Hopfield 网络、Kohonen 网络和 ART（自适应谐振理论）网络。BP 神经网络是 Rumelhart 和 Hinton 提出的，是一种能向着满足给定的输出/输入关系的方向进行自组织的神经网络。Hopfield 网络是反馈网络模型，由相同的神经元构成不具有学习功能的自联想网络，且要求对称连接。Kohonen 网络是自组织神经网络，它的输入层是单层单维神经元，输出为二维神经元，神经元之间存在"墨西哥帽"形式的侧向交互作用。ART 网络也是一种自组织网络模型，它有较好的适应性和稳定性，通常需要两个功能互补的子系统相互作用。除了以上几种神经网络分类器外，还有其他类型的神经网络模型，如玻尔兹曼机、Hamming 网络、CMAC 网络等[98]。

基于支持向量机的分类器（SVM）是 1992 年 Vapnik 等在小样本统计理论的基础上建立起来的一种较新的模式识别方法，其关键在于核函数的确定，合适的核函数能得到高维空间的分类函数。SVM 能够使 VC 维数的上限最小化，因此具有更好的泛化能力[98]。

目前对缺陷分类的研究集中在神经网络技术，文献［99］对传统神经网络进行了改进，减少了迭代次数和误差，并将改进后的算法用于玻璃缺陷的识别。文献［100］采用三层前馈神经网络作为分类器，采用向后传播的算法对网络进行训练，将特征提取中获得的特征作为网络输入层，将缺陷的类型作为输出。最近的研究热点在 SVM 上，文献［101］提出了多核函数支持向量机集成法来对缺陷特征分类；文献［102］提出了基于 SMO 算法的 SVM 分类器，它相比 BP 神经网络具有更高的分类正确率。除华中科技大学、中南大学外，武汉理工大学也作了相应的研究，提出了基于 RBF 核函数的 SVM 分类器[103,104]。

上述缺陷分类方法中，基于统计的分类器是最经典的分类识别方法，在样本数很大时常以其分类结果作为其他识别方法的参照对象；基于神经网络的分类器具有信息处理并行性、自组织和自适应性及容错性等特点，但是其网络结构的设计仍然是难点；基于支持向量机的分类器在解决小样本学习问题、非线性及高维模式识别的问题上表现出了许多特有的优势，但是 SVM 在训练时有所需内存大、速度慢的缺点。

1.6　本书的主要工作及结构

目前，基于光栅投影法的玻璃缺陷检测技术的研究尚处于起步阶段，本书从实际检测的要求出发，解决制约光栅投影法用于玻璃缺陷在线检测的关键问题，主要的研究工作如下：①采用线形 LED 作为光源，研究基于光栅投影的玻璃缺陷在线检测方案；②研究快速的云纹图像处理方法，使其能够满足生产速度较高的玻璃缺陷在线检测；③研究实际应用条件下的玻璃缺陷图像处理方法，使缺陷的检测精度满足玻璃外观的国家质量标准。因此，本书的研究为光栅投影法应用于玻璃带的缺陷在线检测奠定了技术基础，对满足浮法玻璃生产线的缺陷在线检测需求、提高玻璃产品质量等级具有重要的实际意义。

本书的主要工作和结构安排如下：

（1）分析玻璃缺陷在线检测技术的研究现状，阐述玻璃缺陷在线检测的必要性，介绍玻璃缺陷检测方法和装置、云纹图像的相位处理方法、图像分割方法和缺陷特征参数的提取和分类的研究概况。

（2）在分析不同类型玻璃缺陷成因的基础上，根据玻璃缺陷检测的要求，采用基于 LED 线光源的投影栅线的缺陷成像方法，设计玻璃缺陷在线检测的总体方案，给出各主要功能模块的设计与实现方法。

（3）研究云纹图像的校正方法，以消除云纹图像中的背景灰度和幅度的不一致。提出改进的一维傅里叶变换法，实现云纹频谱和缺陷频谱的提取，采用叠接去除法消除傅里叶反变换结果中存在的边缘效应，得到缺陷相位主值图像和缺陷特征图像。

（4）通过包裹相位主值的展开原理的分析，得到包裹的相位主值差图像，提出基于跳变校正的相位展开算法，得到典型缺陷的相位真值差图像。研究基于相位真值差的屈光度测量方法；提出相位真值差图像和缺陷特征图像相结合的缺陷检测方法，采用基于灰度数学形态学和高低阈值分割相结合的分割方法，得到缺陷范围。

（5）对于提取的缺陷范围内的缺陷特征图像，提出二次迭代的双阈值分割法，实现缺陷特征图像的准确分割，给出缺陷特征的三值化图像的合成方法。

（6）根据缺陷特征图像和三值化分割结果，提取 11 个特征参数，分别采用二叉决策树的分类方法和共轭梯度的神经网络方法，实现典型缺陷的分类；给出含有内核缺陷和不含有内核缺陷的大小、位置的计算方法；进行检测精度和最小缺陷检出能力的测试，以及检测的实时性测试和玻璃的实际检测。

第二章 玻璃缺陷的在线检测技术

本章通过分析玻璃缺陷的成因和类型，根据玻璃外观的国家质量标准，进行玻璃缺陷在线检测技术方案的设计。

2.1 浮法玻璃的生产过程

浮法玻璃生产线主要由原料系统、熔窑、锡槽、退火窑，冷端等几部分组成，如图 2.1 所示。浮法玻璃的生产过程是将合理配比后的原料通过输送装置送进熔窑进行高温加热熔化，形成近 1500℃的玻璃熔液，冷却后通过导流槽流进锡槽。玻璃熔液漂浮于锡液上面，在重力和表面张力的作用下，完成摊平、展薄，再经机械拉引挡边和拉边机的控制，经过渡辊台进入退火窑，出退火窑后即进入冷端，形成玻璃带。图 2.2 所示为退火窑出口部分的玻璃带。

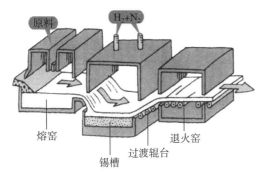

图 2.1 浮法玻璃工艺生产流程　　　　图 2.2 退火窑出口部分的玻璃带

在原料加工、配合料制备、熔化、澄清、均化、冷却等各种生产环节中，由于工艺制度的破坏或操作过程的差错，从退火窑出来的玻璃带往往带有不同类型和大小的缺陷，横切机会将包含缺陷过多的、不符合国家标准规定的部分切除，最后进行切割去边、打标、堆垛和入库。因此，根据玻璃生产线的工艺特点，玻璃缺陷装置的安装位置位于退火窑出口。

浮法玻璃按照使用用途进行分类，分为制镜级、汽车级和建筑级，并按不同的用途确定了不同的质量指标[105]。其外观质量标准的具体要求见表2.1、表2.2、表2.3。

表 2.1   建筑级浮法玻璃外观质量

缺陷种类		质量要求			
气泡	长度	0.5 mm≤L ≤1.5 mm	1.5 mm<L ≤3.0 mm	3.0 mm<L ≤5.0 mm	L>5.0 mm
	个数	5.5×S个	1.1×S个	0.44×S个	0
夹杂物	长度	0.5 mm≤L ≤1.0 mm	1.0 mm<L ≤2.0 mm	2.0 mm<L ≤3.0 mm	L>3.0 mm
	个数	5.5×S个	1.1×S个	0.44×S个	0个
点状缺陷 密集度	长度大于1.5 mm 的气泡和长度大于1.0 mm 的夹杂物;气泡与气泡、夹杂物与夹杂物或气泡与夹杂物的间距应大于300 mm				
线道	荧光灯法检测,肉眼不应看见				
光学变形	入射角:2 mm,40°;3 mm,45°;4 mm 以上,50°				
表面裂纹	荧光灯法检测,肉眼不应看见				
断面缺陷	爆边、凹凸、缺角等不应超过玻璃板的厚度				

注:S 为以平方米为单位的玻璃板面积,保留小数点后两位。气泡、夹杂物的个数及划伤条数允许范围为各系数与 S 相乘所得的数值,应按 GB/T 8170 修约至整数。

表 2.2   汽车级浮法玻璃外观质量

缺陷种类		质量要求			
气泡	长度	0.3 mm≤L ≤0.5 mm	0.5 mm<L ≤1.0 mm	1.0 mm<L ≤1.5 mm	L>1.5 mm
	个数	3×S个	2×S个	0.5×S个	0
夹杂物	长度	0.3 mm≤L ≤0.5 mm	0.5 mm<L ≤1.0 mm	1.0 mm<L ≤1.5 mm	L>1.5 mm
	个数	2×S个	1×S个	0.3×S个	0个
点状缺陷 密集度	长度大于1.0 mm 的气泡和长度大于0.5 mm 的夹杂物;气泡与气泡、夹杂物与夹杂物或气泡与夹杂物的间距应大于300 mm				
线道	荧光灯法检测,肉眼不应看见				
光学变形	入射角:2 mm,40°;3 mm,45°;4 mm 以上,50°				
表面裂纹	荧光灯法检测,肉眼不应看见				
断面缺陷	爆边、凹凸、缺角等不应超过玻璃板的厚度				

注:S 为以平方米为单位的玻璃板面积,保留小数点后两位。气泡、夹杂物的个数及划伤条数允许范围为各系数与 S 相乘所得的数值,应按 GB/T 8170 修约至整数。

表 2.3　制镜级浮法玻璃的外观质量

缺陷种类		质量要求			
气泡		2 mm 厚			
	长度	0.3 mm≤L ≤0.5 mm	0.5 mm<L ≤1.0 mm	1.0 mm<L ≤1.5 mm	L>1.5 mm
	个数	2×S 个	1×S 个	0.5×S 个	0 个
夹杂物	长度	0.3 mm≤L ≤0.5 mm	0.5 mm<L≤1.0 mm		L>1.5 mm
	个数	2×S 个	0.5×S 个		0 个
缺陷种类		质量要求			
气泡		3 mm、5 mm、6 mm 厚			
	长度	0.3 mm≤L ≤0.5 mm	0.5 mm<L ≤1.0 mm	1.0 mm<L ≤1.5 mm	L>1.5 ㎜㎜
	个数	3×S 个	2×S 个	0.5×S 个	0 个
结石	长度	0.3 mm<L ≤0.5 mm	0.5 mm<L ≤1.0 mm	L>1.0 mm	
	个数	1×S 个	0.5×S 个		0 个
点状缺陷 密集度	长度大于 0.5 mm 的气泡及夹杂物的间距应大于 300 mm				
线道	荧光灯法检测，肉眼不应看见				
光学变形	入射角：2 mm，45°；3 mm，55°；5 mm、6 mm，60°				
表面裂纹	荧光灯法检测，肉眼不应看见				
断面缺陷	爆边、凹凸、缺角等不应超过玻璃板的厚度				

注：S 为以平方米为单位的玻璃板面积，保留小数点后两位。气泡、夹杂物的个数及划伤条允许范围为各系数与 S 相乘所得的数值，应按 GB/T 8170 修约至整数。

浮法玻璃的外观质量标准将玻璃缺陷分为气泡、夹杂物、线道、划伤、光学变形和表面裂纹等，使用的缺陷检测方法分为两类。

1）气泡、夹杂物、线道、划伤及表面裂纹的测定

在不受外界光线的影响下，如图 2.3 所示，将试样玻璃垂直放置在距屏幕（安装有数支 40W、间距为 300 mm 的平行荧光灯，并且用黑色无光泽屏幕）600 mm 的位置，打开荧光灯，距试样玻璃 600 mm 的下方进行观察。气泡、夹杂物的长度测定用放大倍数为 10、精度为 0.1 mm 的读数显微镜测定。

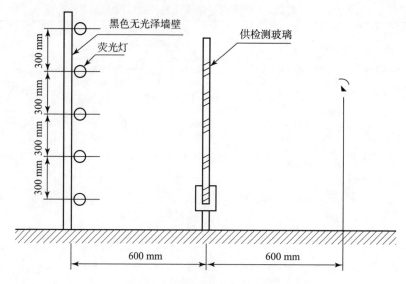

图 2.3   气泡等缺陷的测定方法

以外观质量标准要求最高的制镜级为例，对每平方米内包含的气泡缺陷和夹杂物缺陷的长度(≥0.3 mm)，划伤的宽度(≥0.1 mm)、长度(≥30 mm)，缺陷的个数进行了规定。

2）光学变形的测定

如图 2.4 所示，试样按拉引方向垂直放置，视线透过试样观察屏幕条纹，首先让条纹明显变形，然后慢慢转动试样直到变形消失。记录此时的入射角度。

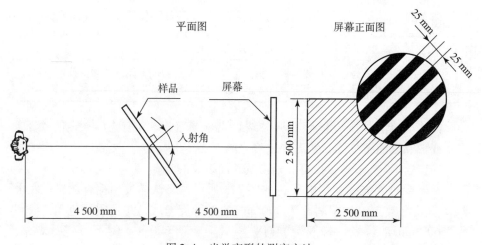

图 2.4   光学变形的测定方法

以外观质量标准要求最高的制镜级为例，玻璃厚度为 2 mm，入射角为 45°，厚度为 3 mm 的入射角为 55°，厚度为 5 mm 的入射角为 60°。

2.2 玻璃缺陷的成因与分类

根据玻璃外观的国家质量标准和玻璃缺陷的成因，本书将玻璃中常见的缺陷分成光学变形、夹杂物、气泡和划伤四大类。

2.2.1 光学变形缺陷

该类缺陷主要由两个因素导致：①化学因素，如玻璃化学成分不均匀，或者少量组分与玻璃的整体化学成分不一致；②物理因素，如玻璃在冷却和成形过程中，与其他物体有不良接触或成形工艺不合理。

光学变形缺陷的成分与玻璃相近，可将该类缺陷称为玻璃态夹杂物。该类典型缺陷包括：疖瘤、线道和玻筋（条纹），其外观表现为：疖瘤和线道为玻璃表面上存在不平整的点和细长线条；玻筋俗称斑马角，是屈光度较小的缺陷，在生产线上通过目测的方式难以察觉，只有在变换角度时才能看出其像有波动的筋道，因此通常通过折射率、屈光度等加以检测。

2.2.2 夹杂物缺陷

该类缺陷是指玻璃的内部和表面含有与玻璃成分差别较大的固体夹杂物，主要是由未熔的某些颗粒较大的原料和表面沾锡造成的缺陷。固体夹杂物对透射光形成遮挡，形成了不透光或透光率大幅度降低的区域，又因为固体夹杂物的存在，导致其周围形成了一定范围的不平的玻璃表面，因此固体夹杂物的周围存在着一定范围的光学变形类缺陷。

2.2.3 气泡缺陷

该类缺陷是指玻璃中含有气体夹杂物，主要由气体渗入玻璃液，或某些固体或液体进入玻璃熔体中汽化而导致。由于玻璃和气体夹杂物的密度差异很大，透射光在两者的界面处发生较大的折射，在气泡本身形成了透光率较低的区域，而在气泡的周围也会产生不平的玻璃表面，但其范围要比夹杂缺陷的范围小。

2.2.4 划伤缺陷

该类缺陷仅存在于玻璃的表面，是由外力造成的玻璃表面的损伤，损伤处的透光率降低，形成了透光率较低的区域，但在划伤缺陷的周围不会存在不平整的玻璃表面。

2.3　玻璃缺陷在线检测的技术要求及方案设计

2.3.1　玻璃缺陷在线检测的技术要求

根据玻璃外观国家质量标准的要求，玻璃缺陷检测不仅要检测出诸如气泡、夹杂物、划伤等缺陷，还要检测出如线道、玻筋和疖瘤等光学变形类缺陷。玻璃生产是一个连续的过程，并且玻璃生产速度的变化范围很大，即使对于相同厚度的玻璃，其生产速度也可相差几百米，如生产厚度为 6 mm 的玻璃时，一般生产速度为 12 m/h，有时也可达到 360～400 m/h。因此，要实现生产线上玻璃带的缺陷检测，需要采用与生产速度相匹配的、实时的、不间断的在线检测[106]。

玻璃缺陷在线检测技术要能够对运行速度为 800 m/h、宽度为 4 000 mm 的玻璃带进行在线检测，能够检测出玻璃带上缺陷的个数、位置、大小等，并判断出缺陷的类型，检测精度要达到 0.1 mm。

2.3.2　玻璃缺陷在线检测方案

从玻璃缺陷在线检测技术的研究动态可以看出，当前的玻璃缺陷在线检测技术主要是在生产线的冷端采集玻璃表面的光强图像，利用相应的图像处理方法得到缺陷的位置、大小和类型。其成像方式主要有四种：激光扫描法、均匀背光照射法、莫尔条纹法和投影栅线法。激光扫描法的适用范围有限，且易受外界条件的影响。均匀背光照射法是利用玻璃缺陷对光源的遮挡和折射来表征是否存在缺陷，但对于屈光度较小的光学变形缺陷（如玻筋缺陷）的检测能力不足。莫尔条纹法是通过一个光栅和莫尔检测探头（含有光栅的线阵 CCD 相机）的叠合形成莫尔条纹，玻璃缺陷将导致莫尔条纹产生变形，根据莫尔条纹的变形程度来实现玻璃缺陷的检测。该方法对缺陷具有很高的灵敏度，可以实现玻璃带上所有缺陷的检测，但环境中粉尘和振动对检测结果的影响很大，容易产生误检。光栅投影法是将余弦光栅投影到玻璃表面，玻璃缺陷的存在也会导致云纹发生变形，通过对变形云纹图像的处理实现玻璃缺陷的检测。该方法也可实现玻璃带上所有缺陷的检测，由于仅使用一个透射光栅，相比于莫尔条纹法，该方法受外部环境因素的影响要小得多。

对玻璃带进行缺陷的在线检测，单位时间内线阵 CCD 相机获得的数据量是十分巨大的，目前仍无法采用单一的硬件和软件系统实现[106]，因此本书设计了多路并行处理的玻璃带缺陷在线检测的总体方案，如图 2.5 所示。

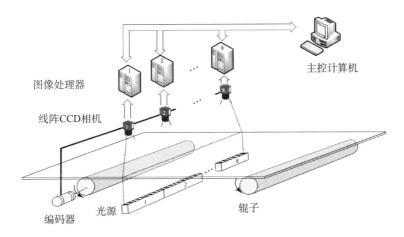

图 2.5　玻璃缺陷在线检测的总体方案

缺陷检测系统由一台主控计算机和多路独立的图像采集和处理单元组成，采用透射式的检测光路，通过多路高速线阵 CCD 相机并行采集玻璃表面的光强信号，每台数据处理器分别与对应的 CCD 相机连接，分别接收并处理玻璃表面的灰度图像，完成玻璃表面缺陷的检测。主控计算机与各数据处理器相连，实现检测所需的控制，以及缺陷信息的存储和显示。

根据各部分所实现的功能的不同，可将其划分为三个功能模块，即图像采集模块、图像处理模块和主控模块。

2.4　图像采集模块的设计

图像采集模块由检测光路、线阵 CCD 相机、数据采集器和编码器组成，实现玻璃表面图像的采集与传输。

2.4.1　检测光路的设计

光源与照明方式的设计是缺陷检测系统设计的关键，好的光源与照明方式的配合能突出待测对象特征量，在待测对象需要检测的部分和不需要检测的部分之间尽可能地产生明显的差别，尽量增大背景与待测对象边缘的灰度反差，增加对比度。同时，还要尽可能地保证系统具有足够的亮度。

由于玻璃的透射率高，反射率低，因此采用透射式的光路设计，即玻璃带位于线阵 CCD 相机和光源之间，线阵 CCD 相机的扫描线与光源的中心线重合，以保证所获得的缺陷特征具有较高的信噪比。

1. 基于双冷阴极荧光灯管的光路设计

在文献［107，108］中，采用直径为 3 mm，长度为 750 mm 的冷阴极荧光灯管（CCFL 灯管）作为发光光源，冷阴极荧光灯管的性能稳定，发光均匀，亮度高，能够在无光衰的情况下连续工作 20000 小时，价格比 LED 光源低很多，可大幅降低系统的开发成本。

如图 2.6 所示，采用两根平行且以一定间隔放置的冷阴极荧光灯管作为发光光源，光源所发出的光透过玻璃被线阵 CCD 相机接收，线阵 CCD 相机的扫描线位于两根冷阴极荧光灯管之间的中心线上。图 2.7 所示为线阵 CCD 相机采集的光源横截面的光强图像。

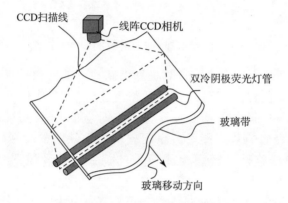

图 2.6　双冷阴极荧光灯管检测光路示意

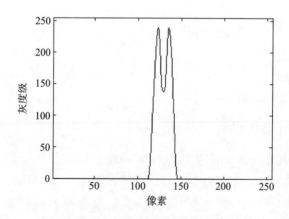

图 2.7　双冷阴极荧光光源横截面光强分布

在同等亮度下，分别采用双冷阴极荧光灯管和均匀背光光源，采集大小分别为 0.4 mm 的气泡缺陷、0.9 mm 的夹杂物缺陷和划伤缺陷的缺陷图像，如图 2.8 和图 2.9 所示。

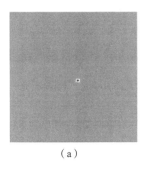  

（a） （b） （c）

图 2.8 双冷阴极荧光灯管照明方式的玻璃缺陷图像

（a）气泡缺陷；（b）夹杂物缺陷；（c）划伤缺陷

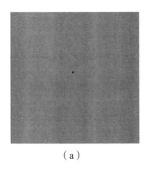 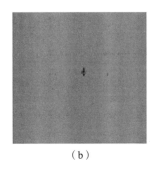 

（a） （b） （c）

图 2.9 均匀背光照明方式的玻璃缺陷图像

（a）气泡缺陷；（b）夹杂物缺陷；（c）划伤缺陷

从如上两组图像的对比可以看出，均匀背光照明方式在缺陷处发生折射和散射，产生了较强的灰度变化，但没有反映出缺陷周围的密度变化；而双冷阴极荧光灯管照明方式除了在缺陷处产生较强的灰度变化，而且在缺陷周围也产生了较强的灰度变化。

以大小为 0.9 mm 的夹杂物缺陷为例，双冷阴极荧光灯管照明方式共检测出了四个夹杂缺陷，而均匀背光照明方式仅能检测出两个相对较大的缺陷。因此双冷阴极荧光灯管照明方式对光学变形缺陷的检测能力明显高于均匀背光光源，并且形成了明显的缺陷特征[109,110]。

2. 基于光栅投影的光路设计

虽然双冷阴极荧光灯管照明方式对气泡缺陷、夹杂物缺陷和疖瘤缺陷具有很好的检测效果，但是对于光学变形程度较小的玻筋缺陷，则无法产生明显的光强变化。针对这一问题，作者采用线形 LED 作为光源，设计一种基于光栅投影的玻璃缺陷成像方法，该成像方法不仅能够检测气泡、夹杂物等光学变形程度较大的缺陷，而且能够检测出光学变形程度较小的玻筋缺陷，实现了实际生产过程中全部玻璃缺陷的检测[111]。

如图 2.10 所示，光栅投影成像的照明光源采用线型红色的 LED，在光源与玻璃带之间放置一栅距为 1 mm 的透射光栅，且线阵 CCD 相机的扫描线、透射光栅的中心线和线光源的中心线位于同一垂面上。光源发出的光透过光栅投射到玻璃表面，在玻璃表面形成光强呈余弦分布的云纹，线阵 CCD 相机采集玻璃表面的云纹，得到灰度呈余弦分布的云纹图像。

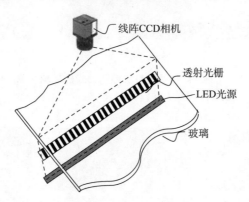

图 2.10　基于光栅投影的成像原理

玻璃带中的缺陷使得云纹发生变形，云纹的变形程度和形状包含了缺陷的特征信息。因此可通过对云纹图像的分析和处理，提取出缺陷信息，以实现玻璃缺陷的全面在线检测。

2.4.2　线阵 CCD 相机的选择与设置

CCD 是一种自扫描的光电转换式图像传感器，它利用光电转换原理把光强信号直接转换成电信号。按照 CCD 相机传感器结构特征的不同，可以将 CCD 相机分为线阵 CCD 相机和面阵 CCD 相机。在玻璃缺陷在线检测系统中，面阵 CCD 相机每次采集的是整个平面的光强信号，在缺陷检测时需保证整个采集面的光强均匀，这就对光源提出了很高的要求。与面阵 CCD 相机相比，线阵 CCD 的相机光学传感器中的感光单元单独排列，感光单元的数目比面阵 CCD 相机的一行多得多，在相同的检测精度下，线阵 CCD 相机的测量范围比面阵 CCD 相机大。在实时传输时，线阵 CCD 光信号转变为电信号的速率高，响应速度快，能够实现玻璃缺陷的实时动态测量。此外，线阵 CCD 相机对光源的要求仅仅是线均匀光强，并能在低照度下工作。因此，本书采用线阵 CCD 相机采集玻璃带表面的光强信号。

线阵 CCD 相机的选择要满足采集速度和分辨率的要求，其像元的个数和单个 CCD 相机能拍摄的玻璃带的宽度决定了玻璃表面图像的横向分辨率，而图像的纵向分辨率由线阵 CCD 相机的行频决定，以玻璃带生产速度 800 m/h

（222.2 mm/s）、纵向分辨率0.1 mm/像素为例，线阵 CCD 相机的行频至少要达到2.3 kHz，才能满足玻璃表面图像的纵向分辨率的精度要求。

纵向分辨率实质上是要保证线阵 CCD 相机的行频与玻璃带的生产速度相互匹配，通过设置线阵 CCD 相机工作于外触发模式，利用安装在辊子上的编码器产生的等间隔触发脉冲实现各路线阵 CCD 相机的同步触发，编码器每产生一个脉冲，线阵 CCD 相机采集一行玻璃表面的光强信号，从而使线阵 CCD 相机的采集频率与玻璃带的生产速度一致。

因此，采用具有外触发模式的线阵 CCD 相机，相机的分辨率为 5 150 像素，像元尺寸为 7 μm × 7 μm，采样精度为 8 位，最高行频为 5 kHz。以 8 路为例，各线阵 CCD 相机的分布方式如图 2.11 所示，设定每个相机的检测宽度 $W = 515$ mm，每两个相机之间的距离 $D = 500$ mm，两个相机之间的重叠区域 $C = 15$ mm，则配置 8 个相机可覆盖最大宽度 $TW = 4$ 015 mm 的范围，可满足最大宽度 4 000 mm 的玻璃带检测。

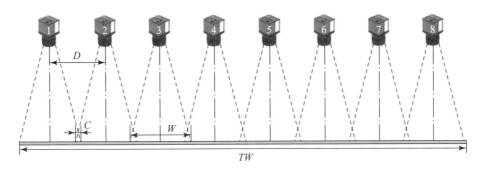

图 2.11　线阵 CCD 相机的分布结构

线阵 CCD 相机采集的玻璃带表面图像的横向分辨率为每个相机的检测宽度除以相机的分辨率：515 mm/5 150 像素 = 0.1 mm/像素；纵向分辨率通过编码器实现，当玻璃带每移动 0.1 mm 时，编码器产生一个脉冲，触发线阵 CCD 相机完成一行数据的采集，因此线阵 CCD 相机采集到的玻璃带表面图像的分辨率为 0.1 × 0.1 mm/像素。

2.4.3　线阵 CCD 相机镜头的选择

镜头将三维被测物体和它周围的环境光学成像并投影在线阵 CCD 相机的图像传感器平面上，如图 2.12 所示，和成像面中的图像对应的物体平面称作视野，从被测物体到镜头的距离称为工作距离，以镜头最佳聚焦时的工作距离为中心，前后存在一个范围，在此范围内镜头能在像平面上获得清晰的图像，这个范围称为景深。

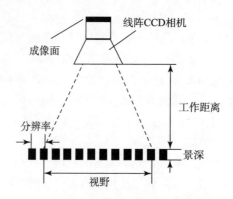

图 2.12　镜头结构参数示意

　　镜头的分辨率是反映图像细节的能力，在镜头与线阵 CCD 相机中，大多以线对数表示镜头的分辨率，是指分辨相同宽度的黑白间隔线对的能力，例如每毫米的线对数（lp/mm）；另一种表达方式是全图像的像素数。

　　影响镜头分辨率的因素有衍射和光差。衍射是光线通过镜头时产生的绕射，其会使物体图像锐变的边缘模糊化，影响分辨率。当光圈减少时，衍射现象更严重，分辨率更差；光差是在镜头的设计和制造过程中产生的机械误差所引起的图像失真。光差和光圈的关系与衍射与光圈的关系相反，光圈越小，光差越少，分辨率越大。

　　镜头的景深也和光圈有关：光圈越大，景深越小；光圈越小，景深越大。

　　因此，在选择和设定镜头时，除了精细地调节焦距，以保证镜头分辨率之外，还应考虑如下因素：

　　（1）为了获得高分辨，镜头的光圈应尽可能大；

　　（2）若检测的物体与镜头之间的距离是变化的，或者物体本身有一定的深度，应适当减少光圈来获得较大的景深；

　　（3）光圈的减少会因衍射的存在而引起分辨率的降低。

　　由于浮法玻璃生产线在生产过程中会产生机械跳动，造成镜头和玻璃带之间的距离在一定范围内实时变化，因此，为了保证最低允许的分辨率，要选择高质量的镜头，以使得在光圈减小时，镜头的分辨率仍能满足检测要求。

2.4.4　数据采集器的设置

　　为了保证在线检测过程中，进行不中断的连续检测，在采集数据的同时需要进行缺陷数据的运算和处理。因此，本书采用具有双 DMA 缓冲区的数据采集器，该方式在数据的采集和传输过程中无需数据处理器的 CPU 参与，传输过程一旦启动，数据将直接被传输至数据采集器的缓冲区，此时 CPU 的占用率为 0%。

如图 2.13 所示，当采集器实时采集时，数据首先被传输至缓冲区 A，一旦数据达到预定的深度后，采集器则自动将后继数据传输至缓冲区 B，在此期间，由于数据的采集和传输不占用 CPU 时间，数据处理器读取并处理缓冲区 A 的缺陷数据。待缓冲区 B 达到预定深度后，又自动切换至 A 区，处理 B 区的缺陷数据，如此循环达到实时数据的采集和处理。

图 2.13　双 DMA 缓冲区结构示意

本书采用平均数据传输率为 50 MB/s，缓冲区容量为 64 MB 的 PCI 总线的数据采集器。设置两个大小完全相同缓冲区 A 和 B，并根据玻璃的生产速度来设置每个缓冲区存储的行数。对于生产速度较低的生产线（≤108 m/h），每个缓冲区存储玻璃带纵向长度为 20 mm 的数据量，即线阵 CCD 相机采集 200 行数据。而对于生产速度较高的生产线（>108 m/h），每个缓冲区存储线阵 CCD 相机采集时间为 1 s 左右，且玻璃表面图像的行数为 $200 \times N$，其中 N 为整数，这样既不使缓冲区的交替频率过高，又可以保证一定的实时性。

线阵 CCD 相机的分辨率为 5 150 像素，采样精度为 8 bit，则采集的玻璃表面图像中每行的数据量就是 5.15 KB。以玻璃生产速度 800 m/h 为例，线阵 CCD 相机每秒采集 2 222 行，此时，设定每个缓冲区存储 2 200 行的玻璃表面图像，则缓冲区的交替时间为 0.99 s，每个缓冲区的大小设置为 2 200 × 5.15 KB = 11.33 MB。

2.5　图像处理模块的设计

图像处理模块由图像处理器和相应的图像处理算法组成，用于实现玻璃表面图像的处理，其中各路图像处理模块之间采用并行的处理方式，以保证玻璃表面图像处理的实时性。

两种不同的成像方式得到了两种不同的图像特征，因此，针对不同特征的图像要采用两种不同的图像处理方法。

2.5.1　双冷阴极荧光灯照明方式的图像处理方法

从图 2.8 可以看出，双冷阴极荧光灯管照明方式能够在玻璃缺陷处产生明显的缺陷特征，因此可通过设定上、下两个阈值对缺陷图像进行三值化处理[112,113]，如图 2.14 所示。

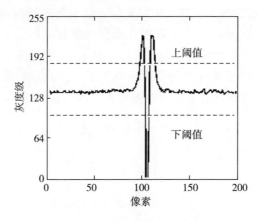

图 2.14　双阈值的设定方法

三值化的处理过程为：逐行扫描缺陷图像，对每个像素依次进行如下判断和处理：

（1）当像素的灰度值介于上、下阈值之间，则视为无缺陷数据，丢弃该数据；

（2）当灰度值高于上阈值时，将该像素的幅值置为 1，并存储该像素的行、列坐标和幅值 1；

（3）当灰度值低于下阈值时，将该像素的幅值置为 0，存储该像素的行、列坐标和幅值 0。

图 2.15 所示为 1.2 mm 夹杂缺陷的三值化处理结果。

图 2.15　1.2 mm 夹杂缺陷的三值化处理结果

根据缺陷图像的三值化处理结果，可计算缺陷的大小和识别缺陷的类型，具体的实现方法如下[109]。

1. 缺陷大小的计算方法

依次扫描存储的缺陷数据的行、列坐标和幅值信息，按照如下方法判断缺陷数据的连通性：

（1）如果行或列坐标相邻则视为同一缺陷数据，标记该缺陷，并设置两个计数器分别统计该缺陷像素幅值为 0 和 1 的个数；

（2）如果行或列坐标不相邻，则被看作另一个缺陷数据，标记该缺陷，并设置两个计数器分别统计该缺陷像素幅值为 0 和 1 的个数。

重复过程（1）和（2），直到扫描完将该缓冲区内的所有缺陷数据信息。根据缺陷标记的个数可得到该段数据内的缺陷的个数，将某个缺陷的两个计数器的值相加可以得到该缺陷的大小。

综上，计算缺陷大小的实现过程如图 2.16 所示。

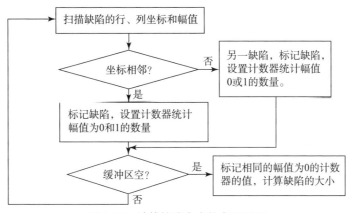

图 2.16　计算缺陷大小的实现过程

2. 缺陷类型的识别方法

判断各个缺陷的幅值为 1 的计数器（即统计高于上阈值像素个数的计数器）的值，如果计数器的值为 0，则说明该缺陷是划痕或砸伤中的一种，否则说明该缺陷为气泡或夹杂中的一种。

气泡和夹杂物缺陷可根据行扫描幅值加以区别：气泡缺陷的特征表现为缺陷周围的亮环比较完整并且紧贴气泡周围，且亮带较窄；而夹杂物缺陷的亮部分向外扩散，且亮带较宽。因此可设定一个判断参数 $I1$，用来表示一行内缺陷数据幅值为 1 和 0 的个数比值，根据该比值的大小即可区分气泡和夹杂物两类缺陷。

对于划痕和砸伤缺陷，通过数据的最大和最小的行、列坐标的差可分别得到缺陷的外切矩形的宽度和长度，可计算出该外切矩形的面积 $S1$；统计缺陷数据中值为 0 的个数，可得出该缺陷的实际大小 $S2$，计算参数 $I2 = S2/S1$，根据比值 $I2$ 的大小即可判断出划痕和砸伤缺陷。

根据大量的样本数据，缺陷类型的判断方法如下[114]：

（1）气泡和夹杂物缺陷类型判断方法为：比值 $I1$ 小于 0.19 的缺陷为气泡缺陷，否则为夹杂物缺陷；

（2）划痕和砸伤缺陷类型的判断方法为：比值 $I2$ 小于 0.35 为划痕缺陷，否则为砸伤缺陷。

综上所述，缺陷类型的识别过程如图 2.17 所示。

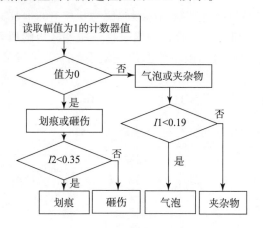

图 2.17　缺陷类型的识别过程

2.5.2　光栅投影成像方式的图像处理方法

由于光栅的调制使得云纹图像包含了大量的缺陷信息，因此不能简单地像前文中的双冷阴极荧光灯照明方式的图像处理方法那样，仅仅通过高低阈值的分割方法来实现缺陷大小、位置及类型等相关信息的处理。

本书采用云纹图像子块分割的方法，将缓冲区内的云纹图像分割成一系列大小相同的图像子块。具体的实现过程为：

每路图像处理器将缓冲区中的玻璃表面云纹图像读入内存，依次对图像的每一行进行校正处理，并将校正处理后的云纹图像按照如下方法分割成一系列的大小为 200 像素 ×200 像素的云纹图像子块，如图 2.18 所示：对于每路缓冲区内的云纹图像，从第 1 行开始，第 1 行 ~ 第 200 行的图像子带，将第 76 列 ~ 第 5 075 列之间的数据以 200 个像素等间隔进行分割，并将分割的图像子块依次编号为 1 ~ 25；同理，第 201 行 ~ 第 400 行的图像子带，将第 76 列 ~ 第 5 075 列之间的数据以 200 个像素为间隔进行分割，并将分割的图像子块依次编号为 26 ~ 50。依次类推，即可把云纹图像分割成一系列带有位置信息的 200 像素 ×200 像素大小的云纹图像子块。

依次对分割的每个云纹图像子块分别判断是否存在缺陷，并丢弃无缺陷的图像子块，仅对含有缺陷的图像子块作进一步的处理，具体的处理方法见后续章节的云纹图像处理方法，并根据相应的处理结果，得到缺陷的位置、大小和类型信息。图 2.19 所示为单路图像处理模块的流程。

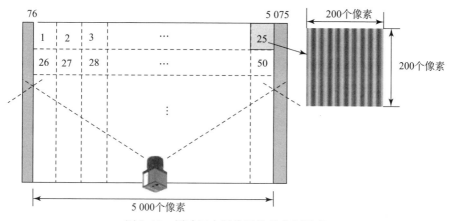

图 2.18　缓冲区内图像子块的分割示意

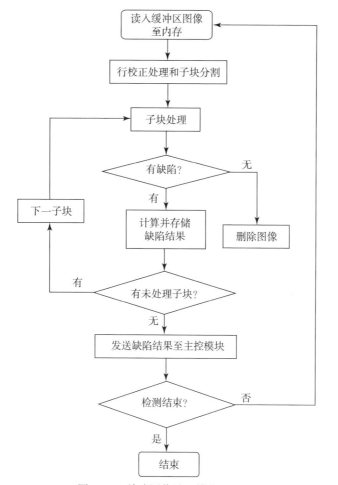

图 2.19　单路图像处理模块的流程

图像子块的分割必然会造成同一个缺陷分割到不同的子块内，而且这样的问题在两个缓冲区的上、下边界也会出现，如果同一个缺陷分别位于两个或多个子块内，每个子块分别计算检测结果，则会产生错误的输出结果。针对这一问题，本书所采用的具体解决方法为：

（1）确定缺陷范围是否包含子块边界，如果包含边界，则将与该边界相邻子块的缺陷数据合并为同一个缺陷，保留合并后的缺陷数据，不作进一步处理，并将该边界设定为非边界；

（2）重复如上判断，直到该缺陷范围不包含子块边界为止（如果缺陷过大，则设置一个最大尺寸），根据合并的缺陷数据计算该缺陷的检测结果。

通过如上处理，可实现被分割的缺陷的合并拼接，保证了每路的图像处理模块检测结果的准确性。

如果缺陷范围包含子块 1，26，…，$25N+1$ 的左边界，或包含子块 25，50，…，$25N$ 的右边界，说明该缺陷分别位于两路图像采集和处理单元内，则保存该缺陷数据，直接发送至主控模块，由主控模块按照如上处理方法处理。

2.6 主控模块的设计

主控模块通过主控计算机实现控制信息和生产参数信息的设置、各路缺陷处理单元之间重叠区域的缺陷处理，以及缺陷信息的显示。

控制信息包括开始检测、停止检测、缓冲区大小的设置和故障重启等，生产参数信息包括玻璃带的尺寸和玻璃带的生产速度等。

当同一个缺陷分别位于两路缺陷处理单元时，则从这两路缺陷处理单元内读取缺陷数据，按照子块拼接的处理方法，合并该缺陷数据，计算并显示该缺陷的检测结果。

缺陷信息的显示包括缺陷的位置坐标、类型和大小。缺陷的位置信息包括缺陷的行坐标和列坐标。缺陷的行坐标为上一缓冲区最后一行的坐标值 + 当前行坐标值。列坐标的计算方法为：第 1 路缺陷位置的列坐标为实际的列坐标，第 2 路缺陷位置的列坐标为第 2 路缺陷位置的列坐标 +500 mm 的偏移量，依此类推，第 8 路缺陷位置的列坐标为第 8 路缺陷位置的列坐标 +3 500 mm 的偏移量。

将主控计算机的显示屏幕划分为缓冲区大小的等间隔区域，将缺陷的位置映射到屏幕的相应位置，采用先进先出的显示方式，在缺陷的映射位置上显示缺陷信息。为了减少主控计算机处理的数据量，在显示缺陷大小和类型时并不显示实际的缺陷图像，而仅仅在缺陷的映射位置上用符号和数字表示缺陷的类型和大小，如大小为 1.2 mm 的夹杂缺陷用"＊1.2"表示，主控计算机的缺陷显示方法如图 2.20 所示。

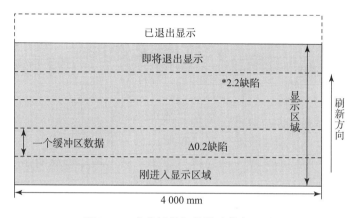

图 2.20　主控计算机的缺陷信息显示

第三章 基于傅里叶变换的云纹图像处理

玻璃缺陷会使玻璃带表面采集的云纹发生变形，云纹的变形程度和形状包含了缺陷的特征信息。本章针对典型缺陷的云纹图像，通过对云纹图像的分析，研究云纹图像的处理方法，提取出包含缺陷信息的缺陷相位图像和缺陷特征图像。

3.1 云纹图像的校正

3.1.1 云纹图像的灰度分布

图 3.1 所示为不含玻璃缺陷的云纹图像 $I(x,y)$ 中的一个 200 像素 $\times$ 200 像素的图像子块，实际坐标的范围为：$2\,401 \leqslant x \leqslant 2\,600$，$1 \leqslant y \leqslant 200$，图 3.1（a）中第 1 行的云纹曲线如图 3.1（b）所示，图 3.1（b）中横坐标为像素，纵坐标为灰度值。

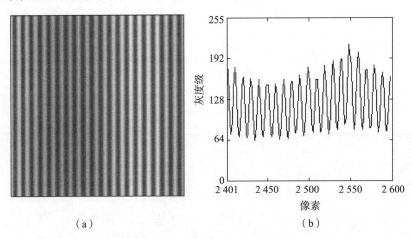

（a）　　　　　　　　　　　　　　（b）

图 3.1　无缺陷的云纹图像

（a）云纹图像；（b）第 1 行的云纹曲线

从图中可以看出，同一列的无缺陷云纹图像的灰度值是一致的，而同一行的云纹曲线的灰度值呈余弦分布，但并不是呈理想的余弦分布。

　　理想情况下，线阵 CCD 相机采集的无缺陷的一行云纹曲线应该为一条背景灰度为常数、对比度相同的、明暗交替的、灰度值呈周期变化的曲线。但在实际检测过程中，线阵 CCD 相机所采集的云纹曲线却存在一定的差异，并不是一条理想的云纹曲线，具体原因如下：

　　（1）同一生产线在不同时期会生产不同种类的玻璃产品，而不同种类玻璃的透光率不同，通常的做法是：一旦生产线进行产品种类调整，玻璃缺陷检测也必须通过调整线阵 CCD 相机的积分时间、镜头的光圈等外部参数，使得采集的不同种类产品的云纹图像的背景灰度和对比度大致相同。但是，外部参数的调整无法保证线阵 CCD 相机所采集的云纹图像的背景灰度和对比度完全一致，也无法保证各路线阵 CCD 相机之间的云纹图像的一致性，这就会导致缺陷图像分割精度降低，难以保证检测结果的准确性。

　　（2）线阵 CCD 相机的成像系统在 CCD 扫描线方向上会产生畸变，造成云纹曲线的周期不一致，使实际像点位置会偏移理想像点位置，破坏了像点投影中心和相应的空间点之间的对应关系，降低了缺陷的定位精度。

　　（3）在 CCD 扫描方向上，LED 光源的光强不同，LED 灯的中心光强最强，而两个 LED 灯之间的光强最弱，这造成云纹曲线的背景灰度发生变化，而这种变化的周期与 LED 灯的间隔相同，频率较低，使频域内的背景灰度的频谱发生扩展，造成云纹的频率与背景灰度的频率之间发生混叠，无法准确地提取出云纹的频率。

　　因此必须先对所采集到的云纹图像进行校正处理，以消除如上因素所引起的云纹图像的不一致性。

3.1.2　基于余弦曲线的云纹校正[115]

　　缓冲区内的玻璃表面的云纹图像可表示为：

$$I(x,y) = a(x,y) + b(x,y)\cos[2\pi f_0 x + \psi(x,y)] \tag{3.1}$$

式中，(x,y) 为云纹图像上任意像素的坐标，$x = 1,\cdots,M$，M 为线阵 CCD 相机的有效像素数量；$y = 1,\cdots,200 \times N$，$I(x,y)$ 为云纹图像的灰度值，$f_0 = \dfrac{1}{p}$ 为云纹的频率，p 为透射光栅的栅距，$a(x,y)$ 为背景灰度分布，$b(x,y)$ 为云纹的幅值，$b(x,y)/a(x,y)$ 为云纹对比度，$\psi(x,y)$ 为云纹相位。

　　选取光栅栅距 $p = 1$ mm，在玻璃表面上形成的云纹周期为 10 个像素，因此云纹曲线的频率 $f_0 = 0.1$。在不考虑系统噪声的情况下，如果光源的光强均匀，则云纹图像中一行的灰度分布应为理想的余弦曲线，即 $a(x,y)$、$b(x,y)$ 和 $\psi(x,y)$ 均为常数，设 $a(x,y) = A$、$b(x,y) = B$ 和 $\psi(x,y) = 0$，则一条理想的云纹曲线 $I'(x)$ 可表示为：

$$I'(x) = A + B\cos(0.2\pi x) \tag{3.2}$$

参数 A 和 B 的确定方法为：检测开始前，采集 200 行无缺陷云纹图像，按照式（3.3）求得一条均值云纹曲线 $I''(x)$：

$$I''(x) = \sum_{y=1}^{200} I(x,y) \tag{3.3}$$

令 $A = \sum_{x=1}^{M} I''(x)$，$B$ 取 $I''(x)$ 幅值的平均值。

通过计算可确定 $A = 128$，$B = 100$。

将理想的云纹曲线 $I'(x)$ 与均值云纹曲线 $I''(x)$ 的对应点相除，可得到一组云纹校正系数 $\alpha_i = I'(x_i)/I''(x_i)$，$i = 1,\cdots,M$。根据校正系数 α_i，将后续采集到的云纹图像的每一行与校正系数 α_i 的对应点相乘，即可得到校正后的云纹图像。

3.1.3　云纹图像的校正结果

图 3.2 所示为无缺陷云纹图像的校正结果，其位置和范围与图 3.1 相同。通过对比图 3.1 和图 3.2 可以看出，经过校正的无缺陷云纹图像的背景灰度和幅值趋于一致，降低了光强不一致等因所引起的频谱混叠的影响。

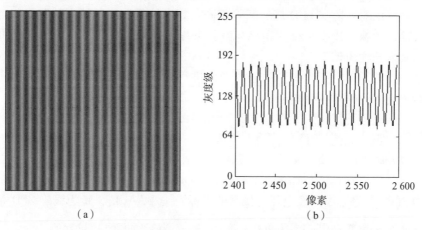

（a）　　　　　　　　　　　（b）

图 3.2　校正后的无缺陷的云纹图像
（a）云纹图像；（b）第 1 行的云纹曲线

在实际检测过程中，针对某一种类的玻璃产品，通过调整线阵 CCD 相机的积分时间、镜头光圈等设置，使无缺陷玻璃表面图像的背景灰度均值位于灰度级 128 附近，幅值的平均值在 100 附近，计算出校正系数 α_i，并存储在图像处理计算机中，根据校正系数对线阵 CCD 相机采集的后续云纹图像直接进行校正，得到校正后的云纹图像。

3.1.4　典型缺陷云纹图像的校正

针对玻璃生产过程中产生的 4 种类型的缺陷，选取 6 种具有代表性的典型缺陷，包括夹杂物缺陷，气泡缺陷，划伤缺陷以及光学变形缺陷中的疖瘤缺陷、线道缺陷和玻筋缺陷。所选取的 6 种缺陷基本包含了玻璃产品中常见的缺陷类型，见表 3.1。

表 3.1　选取的典型缺陷样本

缺陷类型＼属性	夹杂物缺陷	气泡缺陷	疖瘤缺陷	线道缺陷	玻筋缺陷	划伤缺陷
玻璃颜色	白玻璃	茶色玻璃	白玻璃	茶色玻璃	白玻璃	白玻璃
玻璃厚度	3 mm	5 mm	5 mm	3 mm	3 mm	8 mm
缺陷形状	点状	点状	点状	线状	线状	线状
缺陷组成	内核和外核	内核和外核	外核	外核	外核	内核
外核屈光度	大	较小	大	较大	小	无

对于校正后的云纹图像，将其依次分割成一系列大小为 200 像素 × 200 像素的图像子块，由于采用固定分割起始点和分割尺寸，容易确定任一图像子块在云纹图像中的坐标位置。子块内各像素的坐标设定为相对于图像子块左边界和上边界的相对坐标。例如，图像子块的左上角像素的相对坐标为（0，0），其右下角像素的相对坐标为（199，199）。在计算实际坐标时，只需根据分割该图像子块的上、左分割线的行、列坐标值与该子块内各像素的相对坐标相加即可，如图 3.3 所示。因此，对于图像子块的处理，均采用相对坐标显示。

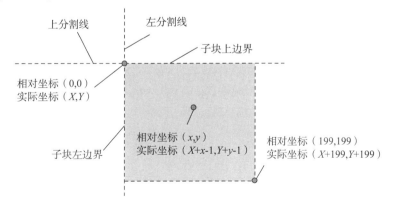

图 3.3　图像子块的实际坐标与相对坐标的对应关系

图 3.4 ~ 图 3.9 所示分别为包含如上 6 种典型缺陷的校正前和校正后的云纹图像子块。图 3.4 ~ 图 3.9 中，图（a）所示为校正前的云纹图像子块，图（b）所示为图（a）中心线上的一条云纹曲线，图（c）所示为图（a）校正后的云纹图像，图（d）所示为图（c）中心线上的一条云纹曲线。

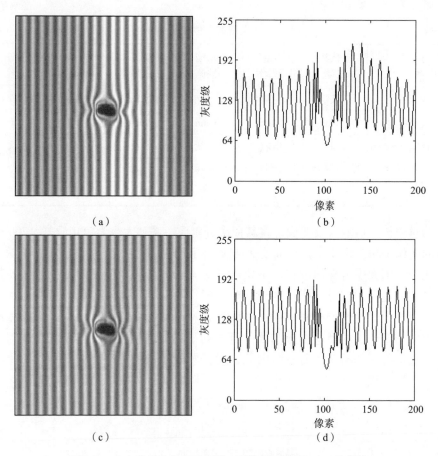

图 3.4　夹杂物缺陷校正前后的云纹图像及其中心云纹曲线

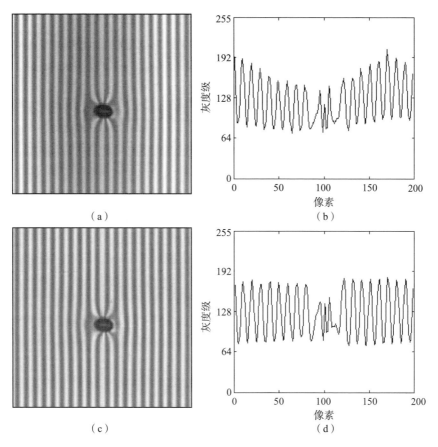

图3.5　气泡缺陷校正前后的云纹图像及其中心云纹曲线

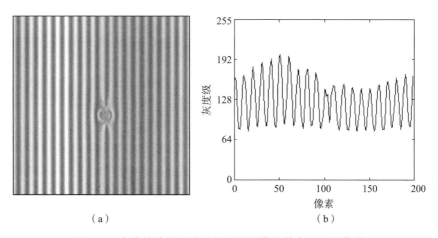

图3.6　疖瘤缺陷校正前后的云纹图像及其中心云纹曲线

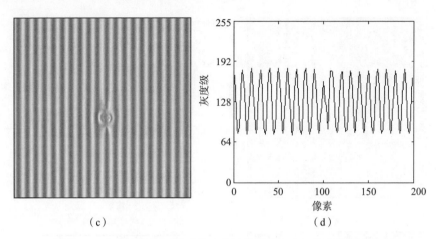

（c）　　　　　　　　　　　（d）

图 3.6　疖瘤缺陷校正前后的云纹图像及其中心云纹曲线（续）

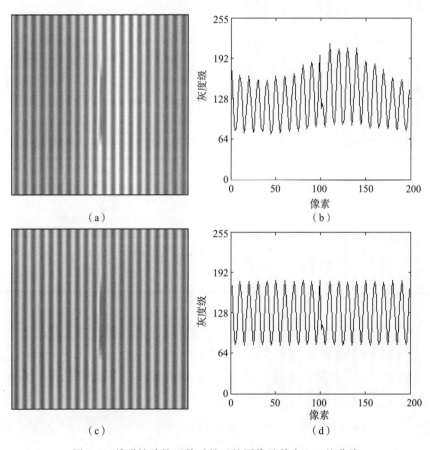

（a）　　　　　　　　　　　（b）

（c）　　　　　　　　　　　（d）

图 3.7　线道缺陷校正前后的云纹图像及其中心云纹曲线

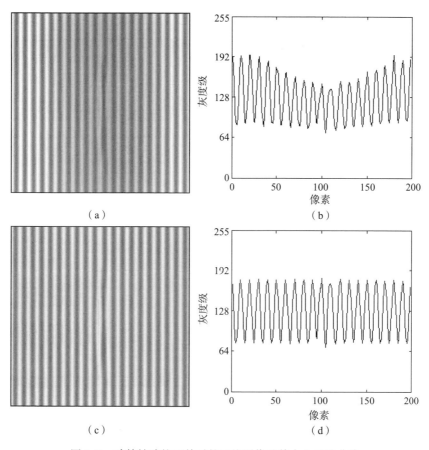

图 3.8　玻筋缺陷校正前后的云纹图像及其中心云纹曲线

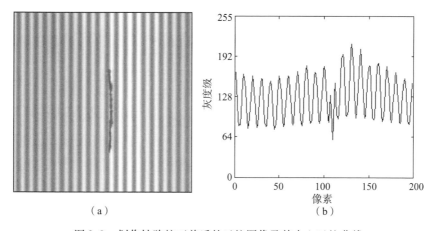

图 3.9　划伤缺陷校正前后的云纹图像及其中心云纹曲线

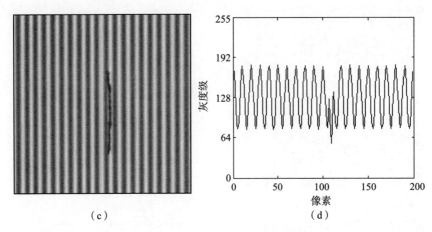

（c）　　　　　　　　　　　　　　（d）

图 3.9　划伤缺陷校正前后的云纹图像及其中心云纹曲线（续）

3.2　云纹相位的求解方法

从典型缺陷的云纹图像可以看出，当不含缺陷时，云纹图像中的云纹呈等斜率分布；如果含有缺陷，则云纹在缺陷处产生变形。根据光栅投影的三维形貌测量原理，云纹图像处理的关键是求解出云纹图像的相位。因此，本书在三维形貌测量技术的基础上，研究玻璃缺陷云纹图像的处理方法，实现玻璃缺陷的在线检测。根据国内外相关的研究动态，目前常用的相位求解方法有卷积解调法、相移法和傅里叶变换法。

3.2.1　卷积解调法

卷积解调法[116]是使用解调和卷积等求解云纹相位的一种完全的数学方法。该方法是先在云纹上选择合适的起始位置，得到云纹的数学解析表达式，然后通过将云纹信号与正余弦函数相乘得到云纹中的低频分量，最后通过求解反正切函数的方法得到云纹的相位。

设投影光栅函数 $I(x,y)$ 为偶函数，从线阵 CCD 相机中采集到的变形云纹图像用傅里叶级数展开可以表示为：

$$I(x,y) = \sum_{n=0}^{a} a_n(x,y)\cos\left[\frac{2n\pi}{p} + n\psi(x,y)\right] \tag{3.4}$$

式中，相位 $\psi(x,y)$ 包含被测物体型面的高度信息；p 为光栅的栅距，其值的变化起伏程度与光栅的周期变化 $2\pi x/p$ 相比要缓慢得多。式（3.4）两边乘以 $\cos(2\pi x/p)$ 得到：

$I(x,y)\cos(2\pi x/p)$

$$= \cos(2\pi x/p) \sum_{n=0}^{a} a_n(x,y)\cos\left[\frac{2n\pi}{p} + n\psi(x,y)\right]$$

$$= \sum_{n=0}^{a} \frac{1}{2}a_n(x,y)\left\{\cos\left[\frac{2\pi(nx+x)}{p} + n\psi(x,y)\right] + \cos\left[\frac{2\pi(nx-x)}{p} + n\psi(x,y)\right]\right\}$$

$$(3.5)$$

式中，当 $n = 1$ 时，$\frac{1}{2}a_1(x,y)\cos\phi(x,y)$ 项与 $2\pi x/p$ 无关，可通过低通滤波的方法得到该低频分量：

$$I_1(x,y) = \frac{1}{2}a_1(x,y)\cos\psi(x,y) \qquad (3.6)$$

同样，式（3.4）两边同乘以 $\sin(2\pi x/p)$ 得到：

$I(x,y)\sin(2\pi x/p)$

$$= \sin(2\pi x/p) \sum_{n=0}^{a} a_n(x,y)\cos\left[\frac{2n\pi}{p} + n\psi(x,y)\right]$$

$$= \sum_{n=0}^{a} \frac{1}{2}a_n(x,y)\left\{\sin\left[\frac{2\pi(nx+x)}{p} + n\psi(x,y)\right] - \sin\left[\frac{2\pi(nx-x)}{p} + n\psi(x,y)\right]\right\}$$

$$(3.7)$$

同样，只有 $-\frac{1}{2}a_1(x,y)\sin\varphi(x,y)$ 为低频分量，对其进行低通滤波：

$$I_2(x,y) = -\frac{1}{2}a_1(x,y)\sin\psi(x,y) \qquad (3.8)$$

根据式（3.6）和式（3.8）可得相位主值分布：

$$\psi(x,y) = \arctan\left[\frac{I_2(x,y)}{I_1(x,y)}\right] \qquad (3.9)$$

卷积解调法的缺点是需要在光栅上选择合适的起始位置，对信号加以适当的截取。

3.2.2 相移法

相移法是利用投影多幅云纹图像（每两幅云纹图像之间有确定的相位差）来求解相位[34]。假设对投影的光栅分 N 次进行投影，则相邻两幅云纹的相位差为 $2\pi/N$，令 $I_n(x,y)$ 代表第 $n(n = 1,\cdots,N)$ 幅云纹图像上某点的灰度值：

$$I_n(x,y) = a(x,y) + b(x,y)\cos\left[2\pi f_0 x + \psi(x,y) + \frac{2\pi(n-1)}{N}\right]$$

$$(3.10)$$

式中，$a(x,y)$ 为背景灰度分布，$b(x,y)$ 为云纹的幅值，$\psi(x,y)$ 为云纹的相位。

从式（3.10）可知，要求解相位 $\psi(x,y)$，至少需要三个相互独立的信息。例如，采用 $N=4$ 的四步相移法进行测量，即进行四次投影，四幅云纹图像的灰度分布为：

$$\begin{cases} I_1(x,y) = a(x,y) + b(x,y)\cos[2\pi f_0 x + \psi(x,y)] \\ I_2(x,y) = a(x,y) + b(x,y)\cos\left[2\pi f_0 x + \psi(x,y) + \dfrac{\pi}{2}\right] \\ I_3(x,y) = a(x,y) + b(x,y)\cos[2\pi f_0 x + \psi(x,y) + \pi] \\ I_4(x,y) = a(x,y) + b(x,y)\cos\left[2\pi f_0 x + \psi(x,y) + \dfrac{3\pi}{2}\right] \end{cases} \quad (3.11)$$

则对应的相位求解公式为：

$$\psi(x,y) = \arctan\left(\frac{I_2 - I_4}{I_1 - I_3}\right) \quad (3.12)$$

通过上述求解过程可知，相移法的测量系统需要比较复杂的相移装置产生精确的相位移动。因此，该方法对测量环境的稳定性要求较高，增加了测量的步骤和难度，难以实现动态过程的测量。根据以上分析，相移法无法用于玻璃缺陷在线检测过程中云纹图像的相位求解。

3.2.3　傅里叶变换的云纹图像处理算法

傅里叶变换的相位求解方法是通过对云纹图像进行傅里叶变换，采用带通滤波器滤波，得到包含云纹信息的频率分量，并将该频率分量平移到原点，利用傅里叶反变换得到云纹图像的相位[117-119]。

在三维形貌测量中，通常采用二维傅里叶变换方法，云纹图像的灰度分布可表示为：

$$I(x,y) = a(x,y) + b(x,y)\cos[2\pi f_0 x + \psi(x,y)] \quad (3.13)$$

由欧拉公式可将云纹图像 $I(x,y)$ 展开成：

$$I(x,y) = a(x,y) + c(x,y)\mathrm{e}^{\mathrm{j}2\pi f_0 x} + c^*(x,y)\mathrm{e}^{-\mathrm{j}2\pi f_0 x} \quad (3.14)$$

式中，$c(x,y) = \dfrac{1}{2}b(x,y)\mathrm{e}^{\mathrm{j}\psi(x,y)}$，$c^*(x,y)$ 是 $c(x,y)$ 的共轭复数。

以 x,y 为变量，对 $I(x,y)$ 进行二维傅里叶变换，可得：

$$F[I(x,y)] = A(f_x,f_y) + C(f_x - f_0,f_y) + C^*(f_x - f_0,f_y) \quad (3.15)$$

式中，$F[I(x,y)]$，$A(f_x,f_y)$，$C(f_x - f_0,f_y)$，$C^*(f_x - f_0,f_y)$ 分别是 $I(x,y)$，$a(x,y)$，$c(x,y)$ 和 $c^*(x,y)$ 的傅里叶变换的频谱。

将频谱分量 $A(f_x,f_y)$ 称为"0"级频谱，而频谱分量 $C(f_x - f_0,f_y)$ 和 $C^*(f_x - f_0,f_y)$ 分别称为"+1"级和"-1"级频谱。

根据式（3.15），可得到无缺陷云纹图像的频谱，如图 3.10 所示。

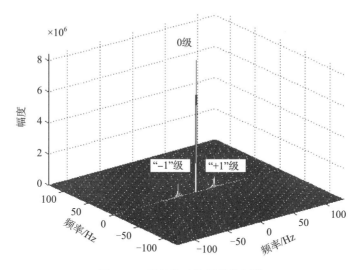

图 3.10 无缺陷云纹图像的频谱

从频谱图中可以看出主要的频率分量为"0"级频谱和关于"0"级频谱对称的"±1"级频谱。为了保留"±1"级频谱分量 $C(f_x - f_0, f_y)$ 和 $C^*(f_x - f_0, f_y)$，即包含云纹信息的频谱，可设计一个带通滤波器 $H(f_x, f_y)$，根据卷积定理可得到云纹信息的频谱：

$$C(f_x - f_0, f_y) + C^*(f_x - f_0, f_y) = H(f_x, f_y) \cdot F(I(x, y)) \qquad (3.16)$$

在频域内将 $C(f_x - f_0, f_y)$ 和 $C^*(f_x - f_0, f_y)$ 所包含的"±1"级频谱平移回原点，得到 $2C(f_x, f_y)$，对其作傅里叶反变换可以得到：

$$2c(x, y) = b(x, y) e^{j\psi(x, y)} \qquad (3.17)$$

通过计算，可得云纹的相位主值：

$$\psi(x, y) = \arctan\left[\frac{\operatorname{Im}(c(x, y))}{\operatorname{Re}(c(x, y))}\right] = \arctan\left[\frac{\operatorname{Im}(b(x, y) e^{\psi(x, y)})}{\operatorname{Re}(b(x, y) e^{\psi(x, y)})}\right] \quad (3.18)$$

综上所述，傅里叶变换的相位求解过程如图 3.11 所示。

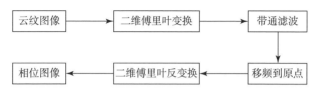

图 3.11 傅里叶变换法的相位求解过程

傅里叶变换法具有全场、测量速度快、适用于实时和动态测量的特点。其同相移法相比省去了复杂的相移装置，设备简单，只需要一幅云纹图像就可以求得相位信息。因此本书拟采用傅里叶变换法求解云纹图像的相位信息。

3.2.4 改进的傅里叶变换的云纹图像处理算法

在进行频域滤波时，采用二维傅里叶变换可以有效提取云纹频谱信息，能够消除列方向的背景灰度的低频干扰和高频噪声干扰，提高相位求解精度，但是二维傅里叶变换的运算量大，影响在线检测的实时性要求。一维傅里叶变换法可以大大减小云纹图像处理的运算量，有利于快速地求解相位信息。虽然只对行方向进行变换处理，使得列方向受到背景灰度的低频干扰和高频噪声干扰，但通过前文所述的云纹曲线的校正方法，已基本消除云纹图像中列方向的低频干扰，因此，在保证在线检测实时性和相位求解精度的条件下，本书采用一维傅里叶变换的云纹图像处理方法实现玻璃缺陷云纹图像的处理。

此外，虽然根据变形云纹图像的相位信息可以实现缺陷检测，但相位信息很难反映出不同类型缺陷的特征，无法实现玻璃缺陷类型、位置和大小的准确计算。

针对玻璃缺陷云纹图像的特点，在傅里叶变换求解相位的基础上，作者提出了一种改进的傅里叶变换的云纹图像处理方法[120]。该方法设计一对相反的带通和带阻滤波器分别进行滤波，利用一维傅里叶反变换分别得到云纹图像的相位图像和缺陷特征图像，并根据傅里叶反变换结果的相位图像判断是否含有缺陷，如果没有缺陷，丢弃无缺陷的数据；如果含有缺陷，则根据缺陷相位确定缺陷范围，提取缺陷范围内的缺陷特征图像，根据缺陷特征判断缺陷的类型、大小和位置，从而实现玻璃缺陷的检测。

3.3 云纹图像的傅里叶变换

对于校正后的云纹图像，由于云纹方向与 x 方向垂直，因此，本书以 x 为变量，对式（3.13）进行一维傅里叶变换可得：

$$F[I(x,y)] = A(f,y) + C(f-f_0,y) + C^*(f-f_0,y) \qquad (3.19)$$

式中，$F[I(x,y)]$、$A(f,y)$、$C(f-f_0,y)$、$C^*(f-f_0,y)$ 分别是 $I(x,y)$、$a(x,y)$、$c(x,y)$ 和 $c^*(x,y)$ 的傅里叶频谱。

在云纹图像的一维傅里叶变换频谱中，$C(f-f_0,y)$ 和 $C^*(f-f_0,y)$ 为包含云纹信息的频谱，分别称为"+1"级和"-1"级频谱；$A(f,y)$ 包含了除云纹频谱之外的其他频率分量，由两部分频率分量组成：①背景灰度的频谱，可称之为"0"级频谱；②缺陷信息和系统噪声的频谱。因此，可选择合适的滤波器 $H(f,y)$、衰减频谱 $F[I(x,y)]$ 中需要滤除的频率分量，得到滤波后频谱 $G(f,y)$。

根据卷积定理：

$$G(f,y) = H(f,y)F[I(x,y)] \tag{3.20}$$

式中，$F[I(x,y)]$ 是云纹图像的频谱，$G(f,y)$ 是滤波后的频谱，$H(f,y)$ 是滤波器。

图 3.12 所示为云纹图像中一行云纹曲线的频谱示意，其中横坐标为频率，纵坐标为频谱的幅度。

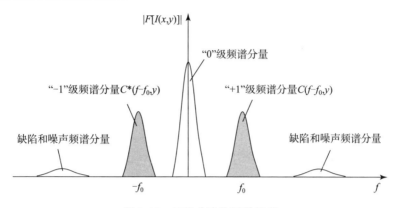

图 3.12 云纹曲线的频谱示意

3.3.1 相位信息的提取

云纹信息包含在关于"0"级频谱对称的"±1"级频谱中，为了保留"±1"级频率分量 $C(f-f_0,y)$ 和 $C^*(f-f_0,y)$，可通过一个带通滤波器 $H(f,y)$，根据式（3.20）可得到云纹信息的频谱：

$$C(f-f_0,y) + C^*(f-f_0,y) = H(f,y) \cdot F(I(x,y)) \tag{3.21}$$

在频域内将 $C(f-f_0,y)$ 和 $C^*(f-f_0,y)$ 平移回频谱原点，得到 $2C(f,y)$，对其作傅里叶反变换可以得到 $2c(x,y)$：

$$2c(x,y) = b(x,y)e^{j\psi(x,y)} \tag{3.22}$$

用 Im（·）和 Re（·）分别表示复数的虚部和实部，则云纹的相位 $\psi(x,y)$ 为：

$$\psi(x,y) = \arctan\left[\frac{\text{Im}(c(x,y))}{\text{Re}(c(x,y))}\right] = \arctan\left[\frac{\text{Im}(b(x,y)e^{\psi(x,y)})}{\text{Re}(b(x,y)e^{\psi(x,y)})}\right] \tag{3.23}$$

3.3.2 缺陷特征信息的提取

由于带通滤波器 $H(f,y)$ 保留的是云纹的频谱分量，而衰减掉的频谱分量包含了缺陷信息、系统噪声和背景灰度信息，因此，可采用一个与带通滤波器 $H(f,y)$ 相反的带阻滤波器 $H'(f,y) = 1 - H(f,y)$，以滤除云纹信息的频率分量，保留缺陷和背景灰度信息的频率分量。根据式（3.20），可得到除云纹

频谱之外的频谱 $A(f,y)$ ，对其进行傅里叶反变换可得到 $a(x,y)$ ，则缺陷特征信息 $f(x,y)$ 为：

$$f(x,y) = \mathrm{Re}[a(x,y)] \tag{3.24}$$

$f(x,y)$ 中包含了缺陷云纹图像中的背景灰度、缺陷特征信息和系统的高频噪声。

3.4 频域滤波器的设计

本书所设计的频域滤波器为一对相反的带通和带阻滤波器，两个滤波器的和为1。由于"±1"级频谱在缺陷的调制作用下会发生扩展，如果带通滤波器 $H(f,y)$ 的通频带取得过窄，云纹信息不能完全提取，就会降低反应缺陷细节的相位信息，而带阻滤波器 $H'(f,y)$ 中就会包含部分云纹的频谱，导致缺陷特征的信噪比降低。反之，若 $H(f,y)$ 的通频带取得过宽，则不能正确地求解相位。因此，改进的傅里叶变换的关键是设计一对合适的滤波器 $H(f,y)$ 和 $H'(f,y)$ ，以实现"±1"级频谱的提取和衰减[111,120,121]。

频域滤波器的设计主要包括如下三个方面：①确定频域滤波器的中心位置；②确定滤波器的形状；③确定滤波器的宽度。

3.4.1 滤波器中心位置的确定

设计的滤波器要尽可能将"±1"级频谱分离开。由于云纹图像的周期为10个像素，云纹图像分割后的云纹子图的宽度为200个像素，根据离散傅里叶变换可知：云纹子图中一行云纹曲线的"±1"级频谱的中心频率 $f_0 = 20$ 。因此，可确定云纹子图的滤波器的中心位置为（ ± 20 ， y ）。

3.4.2 滤波器形状的确定

采用不同形状的滤波器会得到不同的结果，本书通过分析理想滤波器、高斯滤波器和平顶高斯滤波器的特点，来确定适合于缺陷云纹图像处理的滤波器。

1. 理想滤波器

理想带通滤波器可以表示为：

$$H(f,y) = \begin{cases} 1 & |f \pm f_0| \leqslant r \\ 0 & \text{其他} \end{cases} \tag{3.25}$$

而与之相反的带阻滤波器则表示为：

$$H'(f,y) = \begin{cases} 0 & |(f \pm f_0)| < r \\ 1 & \text{其他} \end{cases} \tag{3.26}$$

式中，r 是滤波器的截止频率，f_0 为"+1"级频谱的中心频率。只要滤波器的截止频率合适，可以保持滤波器通带内的频谱分量不发生改变，将需要的频谱分量分离出来，但理想滤波器在频域的突然截止会引起吉布斯效应，加剧图像边缘的震荡。

2. 高斯滤波器

由于云纹图像的"±1"级频谱附近的频率分量对应着时域中变换比较缓慢、幅度系数比较大的云纹，距离"±1"级频谱较远的部分，对应着时域中变化比较迅速、幅度系数比较小的云纹，因此可以通过加权的方法，对"±1"级频谱附近的分量施加较大的权重，距离"±1"级频谱越远的部分，赋予其越小的权重，以抑制高频部分的频率分量。

为了避免产生吉布斯现象，可采用平滑过渡的高斯滤波器对其作数字加权，且高斯函数在时域和频域内均为高斯函数，不会改变频域内的相位谱。

高斯函数的带通滤波器可表示为：

$$H(f,y) = e^{-\frac{(f\pm f_0)^2}{2\sigma^2}} \tag{3.27}$$

同理，与之相反的带阻滤波器可表示为：

$$H'(f,y) = 1 - e^{-\frac{(f\pm f_0)^2}{2\sigma^2}} \tag{3.28}$$

式中，σ 为高斯函数的标准差。

高斯滤波器对于无缺陷的云纹图像可以产生很好的滤波效果，但由于缺陷的存在使"±1"级频谱发生扩展，高斯滤波器使扩展部分的云纹频谱不能完全分离，因此高斯滤波器适用于变形较小的云纹图像处理。

3. 平顶高斯滤波器

根据以上分析，结合高斯滤波器和理想滤波器的优点，可采用平顶高斯滤波器，其既可以最大限度地将"±1"级频谱扩展部分完全通过或衰减，又能实现平滑过渡的加权滤波。

平顶高斯带通滤波器可表示为：

$$H(f,y) = e^{-(N+1)\frac{(f-f_0)^2}{\omega^2}} \sum_{n=0}^{N} \frac{\left[(N+1)\frac{(f-f_0)^2}{\omega^2}\right]^n}{n!} \tag{3.29}$$

平顶高斯带阻滤波器可表示为：

$$H'(f,y) = 1 - e^{-(N+1)\frac{(f-f_0)^2}{\omega^2}} \sum_{n=0}^{N} \frac{\left[(N+1)\frac{(f-f_0)^2}{\omega^2}\right]^n}{n!} \tag{3.30}$$

式中，N 为平顶高斯滤波器的阶数，N 取值越大其形状越接近理想滤波器；ω 为腰半径，用来改变滤波器的宽度。

3.4.3　滤波器宽度的确定

分别对校正后的无缺陷和含有缺陷的云纹子图的一行云纹曲线进行一维傅里叶变换，其频谱如图 3.13 所示。

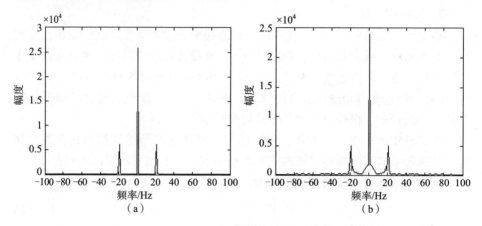

图 3.13　云纹子图中一行云纹曲线的一维傅里叶变换频谱

（a）无缺陷的云纹曲线的频谱；（b）含有缺陷的云纹曲线的频谱

通过对比两行云纹曲线的频谱图可以看出，含有缺陷的"±1"级频谱在缺陷的调制下发生扩展，如果采用与无缺陷云纹宽度相等的滤波器，将得不到完整的"±1"级频谱，必须采用的更宽的滤波器。但由于"0"级频谱也发生了扩展，滤波器过宽将包含过多的背景信息。因此，设置带通滤波器的截止频率 $H(f,y) = 0.707$ 位于"0"级频谱和"±1"级频谱之间的最低点，即 $f = \pm 10$ 处附近。

3.4.4　平顶高斯滤波器参数的确定

通过以上分析，由于平顶高斯滤波器既具有理想滤波器的平顶性，又能实现平滑过渡的加权滤波，因此本书采用平顶高斯滤波器来实现缺陷云纹图像的频域滤波，以保证"±1"级频谱的准确分离。

对于平顶高斯带通滤波器 $H(f,y)$ ，当选择参数 $\omega = 10$ ， $N = 3$ 时，带通滤波器满足 $H(\pm 10,y) = 0.707$ ，可以完整地将"±1"级频谱分量提取出来，而与之相反的带阻滤波器 $H'(f,y)$ 也可以准确地提取出背景灰度和缺陷特征信息。

宽度为 200 像素云纹子图的平顶高斯滤波器的参数为 $f_0 = 20$ ， $\omega = 10$ ， $N = 3$ ，如图 3.14 所示，其中横坐标为频率，纵坐标为滤波器的权值。

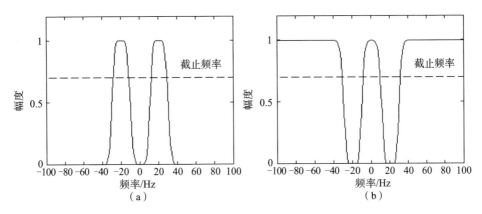

图 3.14 相反的平顶高斯滤波器

（a）平顶高斯带通滤波器；（b）平顶高斯带阻滤波器

3.5 云纹曲线的傅里叶反变换

3.5.1 缺陷位置对反变换结果的影响

在列坐标相同，宽度为 200 个像素的图像子块内，选取如下三行云纹曲线：不含缺陷、缺陷完全位于子块内和缺陷位于子块边缘上，如图 3.15 所示。

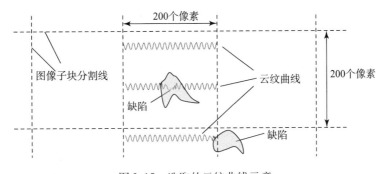

图 3.15 选取的云纹曲线示意

对如上三行云纹曲线，通过改进的傅里叶变换法，分别得到相位曲线和缺陷特征曲线，如图 3.16 ~ 图 3.18 所示。其中，图（a）所示一行云纹曲线，图（b）所示为图（a）的傅里叶反变换得到的相位曲线，图（c）所示为图（a）的傅里叶反变换得到的缺陷特征曲线。

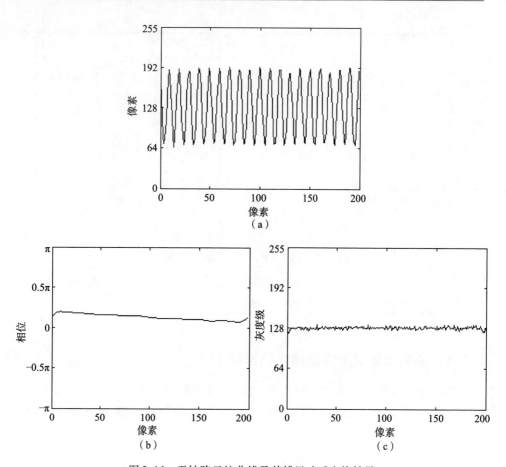

图 3.16　无缺陷云纹曲线及其傅里叶反变换结果

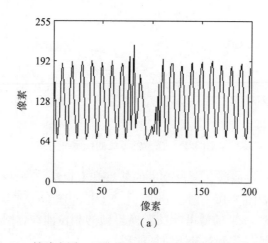

图 3.17　缺陷在同一子块的云纹曲线及其傅里叶反变换结果

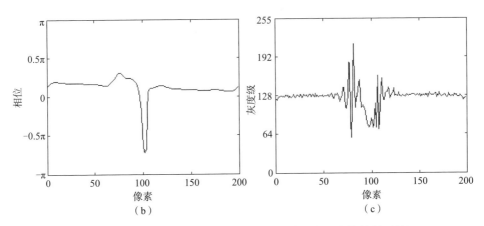

图 3.17 缺陷在同一子块的云纹曲线及其傅里叶反变换结果（续）

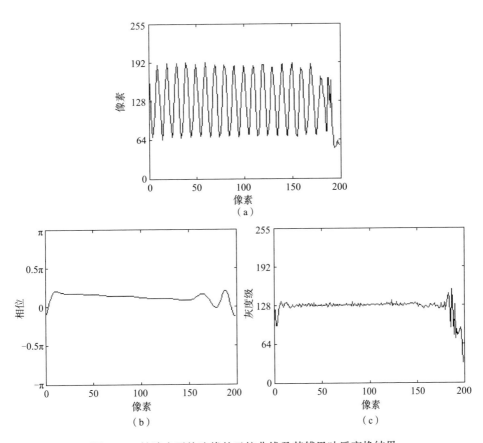

图 3.18 缺陷在子块边缘的云纹曲线及其傅里叶反变换结果

从图 3.16 可以看出，无缺陷的缺陷特征曲线的灰度值在背景灰度 128 附近的上下小幅波动，但波动频率较高，而相位曲线的变化比较平缓。这是因为系统噪声的频率相对较高，对云纹曲线的"±1"级频谱影响较小，因此对其相位值的影响也较小；而缺陷特征曲线的频段包含了除"±1"级频谱之外的其他频率分量，导致缺陷特征曲线受到系统噪声的影响较大。

图 3.17 和图 3.18 所示的含有缺陷的相位曲线和缺陷特征曲线中，缺陷处的相位值和灰度值均发生了较大的变化。因此，本书根据受系统噪声影响较小的相位曲线来判断是否存在缺陷，以减小系统噪声导致的误判。

除了缺陷引起的变化外，如上三行相位曲线和缺陷特征曲线的两侧边缘的值均存在由边缘效应所导致的变化，使边缘部分的数据不可靠，尤其当缺陷位于边缘时，边缘效应表现得更加明显，因此必须消除边缘效应的影响，以保证边缘数据的可靠性。

3.5.2 叠接去除法的实现

图像子块的分割是将云纹图像在空域内截断，当对截断的每行云纹曲线进行改进的傅里叶变换时，导致相位曲线和缺陷特征曲线产生吉布斯现象，即边缘效应，使两端边缘部分的相位值和缺陷特征灰度值增大或者减小。由于边缘效应的存在，边缘部分的数据存在误差，可通过叠接去除法来消除边缘效应产生的误差[122]。

叠接去除法的实现过程如下：以任一图像子块的一行云纹曲线为例，假设行坐标为 y，将该行曲线的左端叠接左侧相邻子块内行坐标为 y 的 M 个像素，同理，将其右端叠接右侧相邻子块内行坐标为 y 的 M 个像素，得到长度为 $200 + 2M$ 个像素的叠接云纹曲线，如图 3.19 所示。

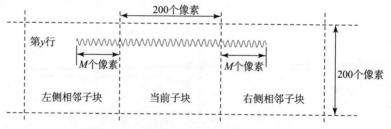

图 3.19　叠接去除法的像素叠接示意

对叠接后的云纹曲线采用改进的傅里叶变换法，将得到的相位曲线和缺陷特征曲线的左右两端分别去除叠接的 M 个像素，得到有效的长度为 200 个像素的相位曲线和缺陷特征曲线。

在具体实现时，为了快速实现傅里叶变换，通常采用基 2 - FFT 算法，该算法要求所处理的云纹曲线的长度为 2^n，因此可设置增补长度 $M = 28$，使得参与基 2 – FFT 运算的云纹曲线的长度为 256 个像素。

3.5.3　叠接云纹曲线的滤波器

　　云纹曲线在左右两端叠接 28 个像素后，使得进行傅里叶变换的数据长度增加，导致包含云纹信息的 "±1" 级频谱的中心位置发生改变，更加远离了 "0" 级频谱，增加了 "0" 级频谱和 "±1" 级频谱的可分性。以包含缺陷的云纹曲线为例，将其左右分别增补 28 个像素后，其 "±1" 级频谱的中心频率变为 $f_0 = 25.6$ 的整数，傅里叶变换的频谱如图 3.20 所示。

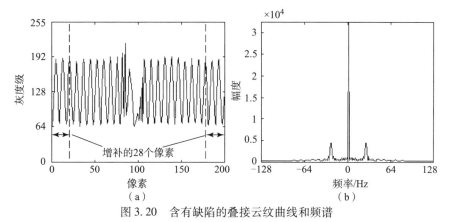

图 3.20　含有缺陷的叠接云纹曲线和频谱

（a）含有缺陷的云纹曲线；（b）含有缺陷的云纹曲线的频谱

　　"±1" 级频谱中心的改变，使得提取和衰减 "±1" 级频谱的平顶高斯滤波器的中心位置也随之改变，由于含有缺陷的 "±1" 级频谱的中心更接近 ±25 Hz，则滤波器的中心设置为 $f_0 = |25.6|$。而原来的宽度仍可保证 "±1" 级频谱的完整提取，因此叠接后长度为 256 个像素的平顶高斯滤波器的参数为 $f_0 = 25$，$\omega = 10$，$N = 3$，如图 3.21 所示。

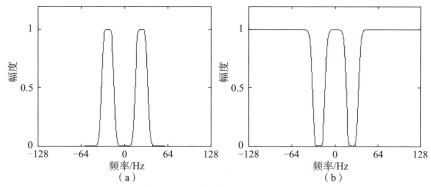

图 3.21　长度为 256 个像素的相反的平顶高斯滤波器

（a）平顶高斯带通滤波器；（b）平顶高斯带阻滤波器

3.5.4　叠接去除法的处理结果及分析

以无缺陷和缺陷在图像子块边缘的云纹曲线为例，采用叠接去除法验证改进的傅里叶变换结果中边缘效应的消除效果。

分别将如上两行有效长度为 200 个像素的云纹曲线叠接成长度为 256 个像素的云纹曲线，对其进行一维傅里叶变换，分别采用图 3.21 所示的平顶高斯带通和带阻滤波器进行滤波，则一维傅里叶反变换结果为长度 256 个像素的相位曲线和缺陷特征曲线，再去除其左右两端叠接的 28 个像素，得到有效长度为 200 个像素的相位曲线和缺陷特征曲线。处理结果如图 3.22 和图 3.23 所示，其中图（a）和图（b）为左右两侧各叠接 28 个像素的云纹曲线，图（b）和图（c）分别为叠接的相位主值曲线和缺陷特征曲线，图（d）和图（e）分别为去除左右两侧叠接的 28 个像素后，得到的有效的相位主值曲线和

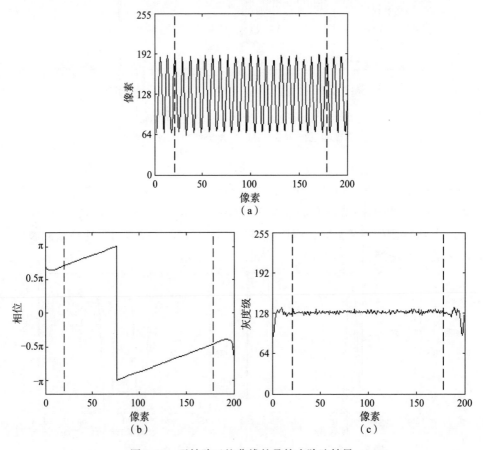

图 3.22　无缺陷云纹曲线的叠接去除法结果

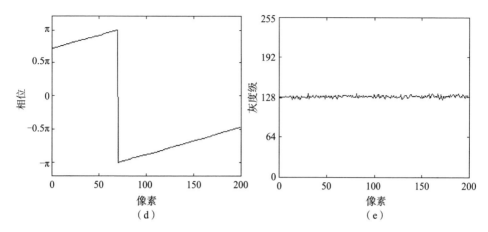

图 3.22 无缺陷云纹曲线的叠接去除法结果（续）

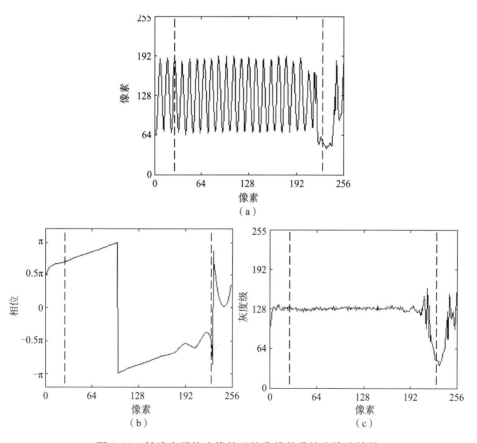

图 3.23 缺陷在子块边缘的云纹曲线的叠接去除法结果

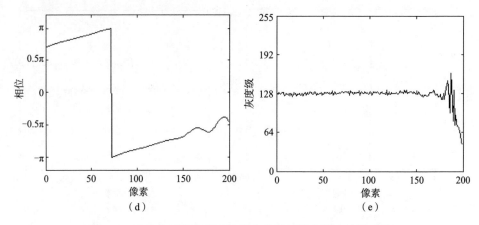

图 3.23　缺陷在子块边缘的云纹曲线的叠接去除法结果（续）

缺陷特征曲线。此外，在图 3.22 和图 3.23 中竖直虚线的左右两侧为增补的 28 个像素，虚线之间为长度为 200 个有效像素。

从图 3.22 和图 3.23 可以看出：

（1）得到的有效长度的相位曲线和缺陷特征曲线中消除了曲线两端的边缘效应，保证了图像子块内的相位值和缺陷特征灰度值的可靠性；

（2）有效相位曲线中出现了跳变，这是由于相位值是利用反正切函数得到的，被包裹在（-π，π]，称为相位主值，可通过相位展开算法得到连续的相位；

（3）由于叠接后的像素个数不是云纹周期的整数倍，约为 $2\frac{3}{4}$ 个周期，因此，相位曲线起始点相位值约为 π/2；

（4）相位曲线的倾斜角度增大，这是因为"±1"级频谱的中心 $f_0 = 25$ 只是实际的 $f_0 = 25..6$ 近似，带通滤波后的"±1"级频谱平移到原点时，形成的移频误差导致倾斜角度增大，并且误差越大，倾斜角度越大。

3.6　云纹图像处理算法的实现

3.6.1　云纹图像处理算法流程

根据云纹图像子块的分割方法，将校正后的一个缓冲区内的云纹图像分割成一系列的 200 像素 × 200 像素的图像子块，并依次处理每个图像子块，而每个图像子块的处理过程如下：

（1）将图像子块的每行云纹曲线的左右两端分别叠接其左右两侧相邻子块内长度为 28 个像素的云纹曲线，得到大小为 200 像素×256 像素云纹图像子块；

（2）对叠接后的图像子块的每行云纹曲线采用改进的傅里叶变换法求出相位主值曲线和缺陷特征曲线；

（3）去除步骤（2）中每行相位主值曲线和缺陷特征曲线的左右两端叠接的 28 个像素的数据，得到最终的有效大小为 200 像素×200 像素的相位主值图像和缺陷特征图像。

图像子块中一行云纹曲线的改进傅里叶变换处理过程如图 3.24 所示，而每个图像子块的算法流程如图 3.25 所示。

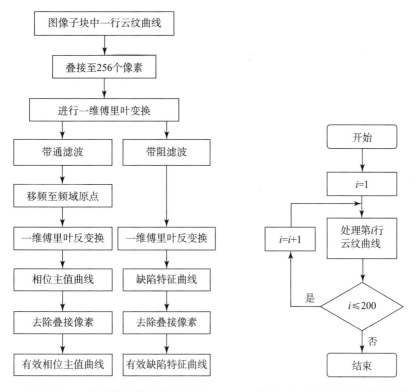

图 3.24　一行云纹曲线的处理过程　　　图 3.25　图像子块的算法流程

3.6.2　边界图像的处理与实现

用于采集玻璃带中间部分云纹图像的第 2～7 路线阵 CCD 相机，其有效检测宽度内的像素个数为 5 000，其左右两端多出了 75 个像素，取其中靠近两端分割线的 28 个像素用于左右两列子块的叠接处理。

　　而对于第 1 路和第 8 路线阵 CCD 相机采集的玻璃表面的云纹图像,第 1 路的左侧边界和第 8 路的右侧边界分别位于玻璃带两端的边界上,对于第 1 路左端的一列图像子块 $(1,26,\cdots,25N+1)$ 和第 8 路右端的一列图像子块 $(25,50,\cdots,25N)$,这两列图像子块的左右两端由于没有可用于叠接的云纹图像,可采用折叠增补的方式实现每行云纹曲线左端(第 1 路)和右端(第 8 路)的增补,其增补方式如图 3.26 所示。

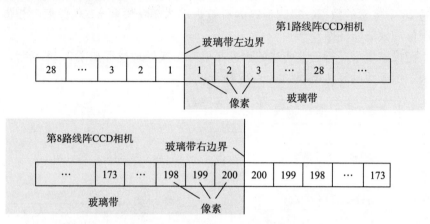

图 3.26　玻璃带边界子块像素的折叠增补

3.6.3　云纹图像子块的处理结果

　　对于无缺陷和典型缺陷的云纹图像子块,采用如上的改进的傅里叶变换算法,分别得到缺陷特征图像和相位主值图像。

　　1. 无缺陷云纹图像的处理结果

　　图 3.27 所示为无缺陷相位主值图像和缺陷特征图像的二维和三维显示。从图中可以看出,缺陷特征图像的灰度基本一致,分布在背景灰度值 128 附近;而相位主值图像的相位主值包裹在 $(-\pi,\pi]$,导致间断和跳变的不连续相位,跳变幅度为 2π。

　　2. 典型缺陷的缺陷特征图像

　　图 3.28 所示为得到的典型缺陷云纹图像子块的缺陷特征图像。

　　从缺陷特征图像中可以看出,不同的典型缺陷具有不同的缺陷特征。

　　1)夹杂物缺陷

　　在夹杂物缺陷特征图像中,夹杂物缺陷含有缺陷内核和缺陷外核。缺陷内核为不透光的夹杂物对透射光的遮挡造成的灰度较低的缺陷内核区域;缺陷外核环绕在缺陷内核的周围,是由透射光的折射变化造成的较大范围的灰度高、低交替的区域。

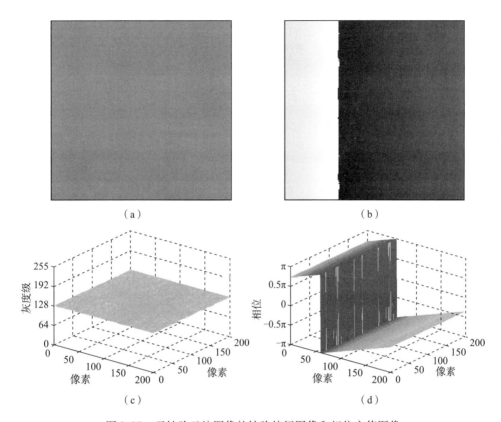

图 3.27　无缺陷云纹图像的缺陷特征图像和相位主值图像

（a）缺陷特征图像的二维显示；（b）相位主值图像的二维显示；

（c）缺陷特征图像的三维显示；（d）相位主值图像的三维显示

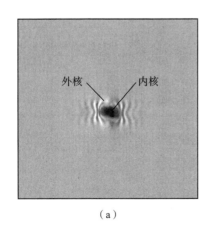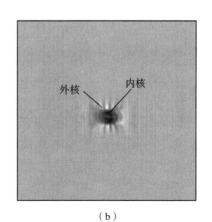

图 3.28　典型缺陷的缺陷特征图像

（a）夹杂物缺陷；（b）气泡缺陷

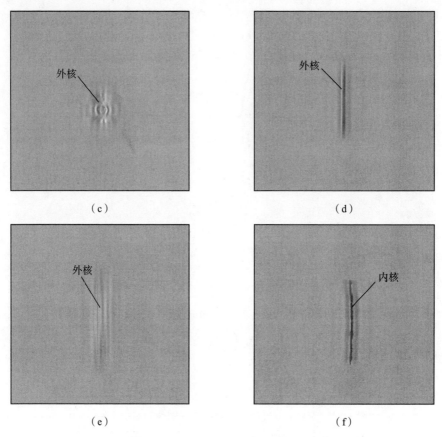

图 3.28　典型缺陷的缺陷特征图像（续）

（c）疙瘤缺陷；（d）线道缺陷；（e）玻筋缺陷；（f）划伤缺陷

2）气泡缺陷

与夹杂物缺陷相同，气泡缺陷也存在一个灰度较低的缺陷内核，而在缺陷内核的周围，存在一个范围较小的灰度高、低交替的缺陷外核。

3）疙瘤缺陷

与夹杂物缺陷和气泡缺陷相比，虽然都是点状缺陷，但疙瘤缺陷不存在灰度较低的缺陷内核，而仅由点状的玻璃态夹杂物导致透射光的折射形成。因此，疙瘤缺陷仅包含灰度高、低交替的缺陷外核。

4）线道缺陷和玻筋缺陷

与疙瘤缺陷相同，其都是由玻璃态夹杂物导致的透射光发生折射形成的，仅包含灰度高、低交替的缺陷外核部分。与点状的疙瘤缺陷不同的是，线道缺陷和玻筋缺陷均为线状缺陷，其中线道缺陷比玻筋缺陷的宽度窄。

5）划伤缺陷

划伤缺陷仅含有线状的缺陷内核，不存在缺陷外核。

综上所述，由于不同类型的缺陷具有不同的特征，因此可在缺陷特征图像中分割出缺陷特征，实现缺陷类型、大小和位置的计算。

3. 典型缺陷的相位主值图像

图 3.29 所示为典型缺陷云纹图像子块的相位主值图像。

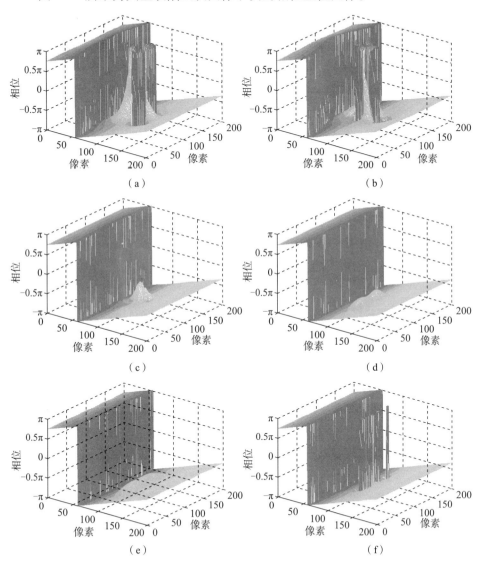

图 3.29 典型缺陷云纹图像子块的相位主值图像

（a）夹杂物缺陷；（b）气泡缺陷；（c）疖瘤缺陷；

（d）线道缺陷；（e）玻筋缺陷；（f）划伤缺陷

从缺陷相位主值图像中可以看出，相位值也存在着间断和 2π 跳变的不连续相位。

针对包裹的相位主值图像，可通过相位展开算法得到连续的相位真值图像。然而夹杂、气泡和划伤缺陷的相位主值图中，在缺陷处也出现了跳变，这使缺陷处产生了不连续的相位值，形成残差点（极点）。由于残差点的存在，在相位展开过程中，展开路径通过残差点时，会导致相位展开结果与路径相关，使相位展开失败。因此相位展开的核心问题就是减少或者消除残差点的影响。

第四章　玻璃缺陷相位图像的处理方法

通过改进的傅里叶变换法，可得到玻璃缺陷的相位主值图像和缺陷特征图像，由于相位主值图像中存在中断和跳变，需对相位主值图像进行相位展开，以得到相位真值图像。本章研究相位主值图像的展开算法，并根据展开的相位真值图像，研究缺陷的屈光度和缺陷范围的计算。

4.1　相位展开的基本原理

1982 年，Itoh 分析了相位展开问题，指出相位展开可以通过对包裹相位梯度的积分或求和来实现[44]。

假定包裹相位为 $\psi(n)$ ，实际相位为 $\phi(n)$ ，则有

$$W[\phi(n)] = \psi(n) = \phi(n) + 2\pi k(n), n = 0, 1, \cdots, N-1 \quad (4.1)$$

式中，$k(n)$ 是使 $-\pi < \psi(n) \leqslant \pi$ 的整数，N 为总的相位点数，$W\{\}$ 为包裹算子。

差分算子 Δ 定义为

$$\Delta\{\phi(n)\} = \phi(n+1) - \phi(n)$$
$$\Delta\{k(n)\} = k(n+1) - k(n) \quad (4.2)$$

式中，$n = 0, 1, \cdots, N-2$ 。因此，包裹相位 $W[\phi(n)]$ 的差分为：

$$\Delta\{W[\phi(n)]\} = \Delta\{\phi(n)\} + 2\pi\Delta\{k_1(n)\} \quad (4.3)$$

对式 (4.3) 两端实施包裹操作，可得

$$W[\Delta\{W[\phi(n)]\}] = W[\Delta\{\psi(n)\}]$$
$$= \Delta\{\phi(n)\} + 2\pi[\Delta\{k_1(n)\} + k_2(n)] \quad (4.4)$$

式中，$k_1(n)$ 和 $k_2(n)$ 分别表示两次包裹得到的整数序列，根据包裹算子的定义，$\Delta\{\psi(n)\} \in (-\pi, \pi]$ ，所以有：

$$-\pi < \Delta\{\phi(n)\} + 2\pi[\Delta\{k_1(n)\} + k_2(n)] \leqslant \pi \quad (4.5)$$

如果存在 $-\pi < \Delta\{\phi(n)\} < \pi$ ，必定有 $2\pi[\Delta\{k_1(n)\} + k_2(n)] = 0$ ，则

$$\Delta\{\phi(n)\} = W[\Delta\{W[\phi(n)]\}] = W[\Delta\{\psi(n)\}] \quad (4.6)$$

利用上式，可以得到第 m 点的实际相位：

$$\phi(m) = \phi(0) + \sum_{m=0}^{m-1} W[\Delta\{\psi(n)\}] \quad (4.7)$$

上式说明，可以对包裹相位差分的包裹值进行积分或求和，来实现包裹

的相位主值的展开。

4.1.1 一维相位展开

对于一维包裹的相位主值而言，相位主值呈锯齿状，其值被包裹在反正切的函数的值域（－π，π］中，如图 4.1（a）所示，相位主值的展开可以通过式（4.8）实现：

$$\phi(1) = \psi(1), \phi(m) = \psi(m) + \Delta(m) \tag{4.8}$$

式中，$\psi(m)$ 为包裹相位，$\phi(m)$ 为实际相位，$\Delta(m)$ 满足：

$$\Delta(m) = \begin{cases} \psi(m+1) - \psi(m) & |\psi(m+1) - \psi(m)| < \pi \\ \psi(m+1) - \psi(m) - 2\pi & \psi(m+1) - \psi(m) > \pi \\ \psi(m+1) - \psi(m) + 2\pi & \psi(m+1) - \psi(m) < -\pi \end{cases} \tag{4.9}$$

图 4.1（b）所示为包裹的相位主值展开后得到的真实的连续相位。

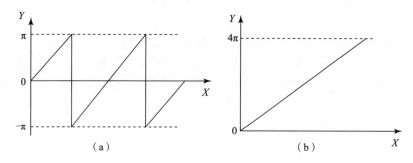

图 4.1　一维相位展开的原理示意
（a）一维包裹相位主值；（b）一维相位展开后的相位真值

理论上，由于一维相位展开的路径是唯一的，当选定起始点后，所得到的展开相位也应该是唯一的。但是在实际操作中，噪声和缺陷会使得相邻两点的相位差发生变化，使得其中某点的相位展开发生错误，而且这个错误会向后传播，导致整个相位展开的结果和真实相位相差很大。

4.1.2 二维相位展开

与一维相位展开相比，二维相位的展开可以沿任意积分路径进行，根据 Itoh 提出的算法可知，二维相位展开在数学上是一个积分的过程

$$I = \int_C f(x,y)\mathrm{d}x + g(x,y)\mathrm{d}y \tag{4.10}$$

式中，C 是在一定区域中的两点之间任意一个路径，

$$f(x,y) = \frac{\partial \psi}{\partial x}, g(x,y) = \frac{\partial \psi}{\partial y} \tag{4.11}$$

为了使在区域 C 内从某一点到另一点的相位结果与所选路径无关，根据格林公式，需要满足：

$$\frac{\partial^2 \psi}{\partial x \partial y} = \frac{\partial^2 \psi}{\partial y \partial x} \tag{4.12}$$

此外，根据采样定理，还要求二维相位 $\phi_{i,j}$ 上满足 Nyquist 条件（即 $|\phi_{i+1,j} - \phi_{i,j}| < \pi$，$|\phi_{i,j+1} - \phi_{i,j}| < \pi$），则包裹的相位主值 $\psi_{i,j}$ 的相位梯度与实际相位 $\phi_{i,j}$ 的相位梯度相等：$\overline{\Delta \psi_{i,j}} = \Delta \phi_{i,j}$，其中：

$$\overline{\Delta \psi_{i,j}} = \begin{pmatrix} \Delta_{i,j}^x \\ \Delta_{i,j}^y \end{pmatrix} = \begin{pmatrix} W\{\psi_{i+1,j} - \psi_{i,j}\} \\ W\{\psi_{i,j+1} - \psi_{i,j}\} \end{pmatrix}$$

$$\Delta \phi_{i,j} = \begin{pmatrix} \Delta \phi_{i,j}^x \\ \Delta \phi_{i,j}^y \end{pmatrix} = \begin{pmatrix} \{\phi_{i+1,j} - \phi_{i,j}\} \\ \{\phi_{i,j+1} - \phi_{i,j}\} \end{pmatrix} \tag{4.13}$$

则在二维相位 $\phi_{i,j}$ 上，包裹的相位主值 $\psi_{i,j}$ 与 $\phi_{i,j}$ 的整数相位模糊表示为：

$$\psi_{i,j} = \phi_{i,j} + 2\pi k_{i,j} \tag{4.14}$$

式中，$k_{i,j} \in N$；$-\pi < \psi_{i,j} < \pi$；$i = 0, \cdots, M-1$；$j = 0, \cdots, N-1$。

因此，二维相位展开就是在包裹相位主值 $\psi_{i,j}$ 中，求取模糊数 $k_{i,j}$，使展开相位中任意两点之间的相位差与路径无关，且能准确地恢复与实际相对应的真实相位值。

理想情况下，对于一个连续光滑的二维曲面，沿任意一条路径进行相位展开，都会准确地得到唯一展开相位。然而实际情况是，由于系统噪声和缺陷引起的相位跳变等因素的影响，包裹的相位主值曲面不是连续光滑的，而是形成了大量的"孤立奇点"。在相位展开的过程中，这些奇点使闭合路径内的回路积分不为零，导致相位展开结果与路径相关，使相位展开失败。

4.1.3　残差定理

为了解决相位展开与路径相关的现象，R. M. Goldstein[45] 于 1988 年提出残差点（极点）的概念，在离散的相位图中，孤立奇点被称为残差点。其主要的判定思想为：在一个 2×2 大小的相位主值数据中，如果此 2×2 大小的四个点的相位主值差（依顺时针或逆时针次序顺次相减）之和为零，则说此四点是连续的，否则其即不连续点，和为正是正极点，和为负是负极点，通常将四点中的左上角点标记为极点。

为了尽量缩小无效点的范围和标记出误差点，根据与路径无关区域内沿闭合区域积分为零的原则，封闭路径选为邻近的四个点（2 像素 × 2 像素），如图 4.2 所示。

在包裹的相位主值中，可以通过相邻四点构成的环路数值差的积分是否为零来判断残差点：

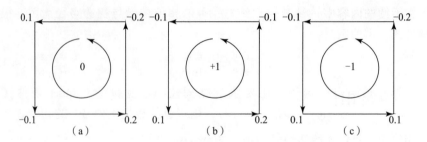

图 4.2　极点示意

(a) 连续点；(b) 正极点；(c) 负极点

$$\Delta_1 = W[\psi_{m,n+1} - \psi_{m,n}]$$
$$\Delta_2 = W[\psi_{m+1,n+1} - \psi_{m,n+1}]$$
$$\Delta_3 = W[\psi_{m+1,n} - \psi_{m+1,n+1}]$$
$$\Delta_4 = W[\psi_{m,n} - \psi_{m+1,n}] \tag{4.15}$$

式中，W 表示截断算子，即如果后一点与前一点的相位差小于 $-\pi$，则相位差值加上 2π，如果后一点的相位差大于 π，则相位差值减去 2π。沿着封闭路径对 Δ_i 求和：

$$K = \sum_{i=1}^{4} \Delta_i \begin{cases} = 0, & \text{连续点} \\ \neq 0, & \text{不连续点} \end{cases} \tag{4.16}$$

当 $K = 0$ 时，认为这四个点是连续的；当 $K > 0$ 时，将这四个点标记为正极点；当 $K < 0$ 时，将这四个点标记为负极点。

极点标记出后，在离散的相位主值图中应用残差定理：假设离散相位主值函数 $\phi(\bar{r})$ 在相位主值图某区域中存在有限的 n 个残差点，沿包围该残差点的闭合回路对相位梯度积分，环路积分结果为：

$$\oint \nabla \phi(\bar{r}) \mathrm{d}\bar{r} = 2\pi \sum_{k=1}^{n} C_k \tag{4.17}$$

这里的 C_k 表示 k 个残差点的极性。残差点只有正、负两种极性，极性为正时 $C_k = 1$；反之，极性为负时，$C_k = -1$。

从残差定理中容易看出，当区域内的残差点极性被平衡时，即 $\sum C_k = 0$ 时，沿包围该区域的闭合回路对相位梯度积分，环路积分结果为 0。因此，只要满足所有的积分路径不包围未被平衡的残差点，即相位展开结果与积分路径的选择无关，是可以实现的。

综上所述，造成相位展开错误的最根本的原因是由各种因素引起的残留点的存在，相位展开的核心问题也是如何减少或者消除残差点对相位展开的影响。根据残差点的极性，残差点之间的连接方法有多种，积分路径的选择也有所区别，根据这些区别，衍生出了不同的算法。

在后续的内容中，将总结和比较几种经典的相位展开方法，结合无缺陷和缺陷相位主值图对相应的算法作出改进，以满足本书中玻璃缺陷相位展开的需要。

4.2　经典相位主值图像的展开算法

相位展开算法不仅要消除相位主值图像中的跳变，使展开的相位真值图像连续，还要使展开结果具有唯一性和准确性。经典的相位主值图像的展开算法主要包括逐点相位展开法、枝切法、质量图引导法和基于快速傅里叶变换（FFT）的最小二乘法。

4.2.1　逐点相位展开法

逐点相位展开算法是由 Takeda 提出的[35]，也是最早的相位展开算法。这一算法是根据相位展开的原始目的得到的，即最终得到的展开相位应该是连续的。相位展开的过程就是确定式（4.18）中整数 $n(x,y)$ 的过程，即

$$\phi(x,y) = \psi(x,y) + 2n(x,y)\pi \tag{4.18}$$

式中，$\psi(x,y)$ 为包裹的相位主值，$\phi(x,y)$ 为展开的相位真值，$n(x,y)$ 为整数。

逐点相位展开法可根据按行或列的展开次序分为行逐点展开法和列逐点展开法，两者的区别仅仅是按行或列的展开方向不同。

1）行逐点展开法

对相位主值图中的每一行像素点，沿着每一行，依次比较这一行中相邻两个像素点的相位值，即

$$n(x,y) = \begin{cases} 0 & |\psi(x,y+1) - \psi(x,y)| < \pi \\ -1 & \psi(x,y+1) - \psi(x,y) \geqslant \pi \\ 1 & \psi(x,y+1) - \psi(x,y) \leqslant -\pi \end{cases} \tag{4.19}$$

根据式（4.19），当两值之差超过阈值时，则对第二个像素点的相位值加上或减去 2π 的整数倍，直到这一行所有的像素点都完成相位展开。

2）列逐点展开法

对相位主值图中的每一列像素点，沿着每一列，用同样的方法逐点进行相位展开，即

$$n(x,y) = \begin{cases} 0 & |\psi(x+1,y) - \psi(x,y)| < \pi \\ -1 & \psi(x+1,y) - \psi(x,y) \geqslant \pi \\ 1 & \psi(x+1,y) - \psi(x,y) \leqslant -\pi \end{cases} \tag{4.20}$$

这种逐点相位展开算法简单易行、耗时少、效率高，是经典相位主值图像展开算法中效率最高的。

由于该算法的下一点的相位值是参照前一点的相位值得出的，当相位主值图像中无残差点时，可以快速正确地得到相位真值图像。但如果相位主值图中存在残差点，将导致误差沿着相位展开的方向进行传播，造成所谓的"拉线"现象。

4.2.2 枝切法

枝切法于 1988 年由 R. M. Goldstein 等人提出[45]，也称为分支阻断算法。该算法是通过设定枝切线来确定积分路径的。

枝切法的主要思想是：将成对的、极性相反的残差点或多个成对的残差点，依据最邻近原则用分支连接，实现残差点的电荷平衡。将一些残差点连接起来形成枝切线，枝切线上的正、负残差点数目相等。在相位展开时使积分路径不穿过这些枝切线，避免误差的传递，从而得到正确的相位展开结果。

首先找出相位主值图像中信噪比较高处的一点作为起始点进行相位展开，在展开过程中，展开路径不穿过枝切线，其具体实现过程如下：

（1）四个相邻像素组成闭合路径，通过像素积分，找出相位主值图像中的残差点，并标记；积分结果是 $+2\pi$（正残差点）的标记为"$+1$"，结果为 -2π（负残差点）的标记为"-1"。

（2）顺序扫描相位主值图，找到没有连接的残差点作为当前残差点。

（3）以当前残差点为中心，在 3×3 的搜索窗口内寻找新的残差点，如果找到就继续进行第（4）步；没有找到就将窗口的长度加 2，继续寻找，直到到达相位主值图像的边界才停止，将残差点的标记之和设为 0。转到第（5）步。

（4）把找到的新残差点和当前的残差点相连接，计算残差点标记之和。如果标记之和为 0，则继续第（5）步；否则把找到的新残差点作为当前的残差点，转到第（3）步继续寻找新残差点。

（5）重复第（2）步到第（4）步，直到相位主值图中所有的残差点都已经连接形成枝切线。

（6）选枝切线外某一像素点的相位值作为初始点，当某点的展开值与起始点相位值之差大于或者等于 2π 时，则自动将 2π 加到该点处的相位值上。

枝切法的优点是算法的运算速度较快，占用的内存也较少。其缺点是极点连接的总长度为接近最小值，而不是达到最小值，极点连接线的连接不是最优的。该算法本质上依赖于点状不连续区域的检测，而这种检测是基于 2×2 区域的，所以不能解决由于较大缺陷内核造成的大量的残差点[123]。此外对于存在较多极点的相位主值图像，其往往使极点的连接过于复杂，有时会形成积分路径无法达到的孤立区域，造成这些孤立的区域无法展开。

4.2.3　质量图导引法

本书在进行相位主值图像展开时，除了通过检测残差点的分布来确定积分路径之外，还可以通过相位质量图来分析相位数据的质量，质量图描述了相位主值图的每一个像素的数据质量，是数据质量好坏的二维数据阵列，与相位主值图在像素空间一一对应。在很多路径相关的相位展开算法和无关的相位展开算法中，质量图导引法对于相位展开的过程都起到重要的指导作用。

1991 年，Bone 将质量图和相位数据、残差点数据相比较，发现了在相位不连续的位置，即在残差点的位置，质量图中对应的数值较低，因此，可以在相位展开时沿着质量较高的路径积分，避开质量较低的残差点。此外，Bone 还提出了利用质量评价来指导相位展开，对相位数据求二次偏导并设置阈值来进行相位展开。这种质量图导引的相位展开算法并不识别残差点，也不设置枝切线，而是假设一个能可靠反映相位主值数据质量好坏的质量图，以正确地引导积分路径。

可采用相位主值的导数变化和最大相位梯度来定义质量图，计算公式如下：

$$z_{m,n} = \frac{\sqrt{\sum (\Delta_{x,y}^{x} - \overline{\Delta}_{m,n}^{x})} + \sqrt{\sum (\Delta_{x,y}^{y} - \overline{\Delta}_{m,n}^{y})}}{k^2} \qquad (4.21)$$

式中，$\Delta_{x,y}^{x}$ 和 $\Delta_{x,y}^{y}$ 分别表示相位值的偏导数，如式（4.22）所示：

$$\Delta_{x,y}^{x} = \psi(x+1,y) - \psi(x,y)$$
$$\Delta_{x,y}^{y} = \psi(x,y+1) - \psi(x,y) \qquad (4.22)$$

式中，$\overline{\Delta}_{m,n}^{x}$ 和 $\overline{\Delta}_{m,n}^{y}$ 分别表示 $k \times k$ 窗口的平均偏导。

导数变化的质量图定义了相位数据偏导方向上的相位差，它表明了相位数据的好坏程度。

质量图导引法的关键就是在相位质量图的指导下进行相位展开，其基本过程为：从高质量的像素出发，检测其四个邻近像素，并将待展开的邻近像素存储在"邻接序列"中，依据相位质量依次从"邻接序列"移出高质量像素进行相位展开，并更新"邻接序列"。重复上述步骤直到所有像素都展开为止。

质量图导引算法能够准确展开的前提是必须有可靠的相位质量图。由于该算法不识别残差点，如果质量图不能将残差点区域定义为低质量的区域，结果必然会沿着展开路径把不连续区域所产生的误差传播到整个图像，导致展开误差[124]。

在玻璃缺陷相位主值图中，除了由缺陷引起的相位跳变之外，基本不存在较大的噪声，按照式（4.21）可得到可靠的质量图，因此相比于其他相位展开算法，质量图导引法展开的缺陷相位主值图像的准确性是最高的。但是质量图导引法的运算速度很慢，展开时间过长，无法满足玻璃缺陷在线检测的实时性。

4.2.4　基于快速傅里叶变换（FFT）的最小二乘法

最小二乘法是由 Ghiglia 提出的用于相位展开的一种优化算法，以展开的相位真值和包裹的相位主值之差的平方和最小为准则，通过寻求最小二乘意义下的最优解来实现相位的展开。该算法不检测残差点，不设置枝切线，只是通过数学方法建立一个离散的泊松方程，利用数学的求解方法实现相位展开[125-127]。

定义 $\Delta^x(x,y)$ 和 $\Delta^y(x,y)$ 分别为 $\psi(x,y)$ 在 x 和 y 方向上的差分，计算：

$$\Delta^x(x,y) = \begin{cases} \psi(x+1,y) - \psi(x,y) & |\psi(x+1,y) - \psi(x,y)| < \pi \\ \psi(x+1,y) - \psi(x,y) - 2\pi & \psi(x+1,y) - \psi(x,y) > \pi \\ \psi(x+1,y) - \psi(x,y) + 2\pi & \psi(x+1,y) - \psi(x,y) < -\pi \end{cases}$$

(4.23)

$$\Delta^y(x,y) = \begin{cases} \psi(x,y) - \psi(x,y+1) & |\psi(x,y) - \psi(x,y+1)| < \pi \\ \psi(x,y) - \psi(x,y+1) - 2\pi & \psi(x,y) - \psi(x,y+1) > \pi \\ \psi(x,y) - \psi(x,y+1) + 2\pi & \psi(x,y) - \psi(x,y+1) < -\pi \end{cases}$$

(4.24)

在理想情况下，包裹的相位主值 $\psi(x,y)$ 在 x 和 y 方向上的差分应该和展开的真实相位 $\phi(x,y)$ 的差分相同，即

$$\begin{cases} \Delta^x(x,y) = \phi(x+1,y) - \phi(x,y) \\ \Delta^y(x,y) = \phi(x,y+1) - \phi(x,y) \end{cases}$$

(4.25)

但在实际应用中，上式通常不成立。最小二乘法的相位展开的目标是要找到一个合适的 $\phi(x,y)$，使上式尽可能地接近成立。

最小二乘法的相位展开可采用快速傅里叶变换（FFT）实现，包裹的相位主值 $\psi(x,y)$ 和展开后的相位真值 $\phi(x,y)$ 满足条件：

$$e^{j\psi(x,y)} = e^{j\phi(x,y)}$$

(4.26)

为了便于快速傅里叶变换计算，将相位主值 $\psi(x,y)$ 在二维平面内按 $x = N$ 与 $y = N$ 作镜像操作，扩展相位主值为周期函数，即

$$\tilde{\psi}(x,y) = \begin{cases} \psi(x,y) & 0 \leqslant x < N; 0 \leqslant y < N \\ \psi(2N-x-1,y) & N \leqslant x < 2N; 0 \leqslant y < N \\ \psi(x,2N-y-1) & 0 \leqslant x \leqslant N; N \leqslant y < 2N \\ \psi(2N-x-1,2N-y-1) & N \leqslant x < 2N; N \leqslant y < 2N \end{cases}$$

(4.27)

对展开的相位真值 $\phi(x,y)$ 也作镜像对称操作，得到扩展函数 $\tilde{\phi}(x,y)$，则最小二乘解为：

$$(\tilde{\phi}(x+1,y) - 2\tilde{\phi}(x,y) + \tilde{\phi}(x-1,j)) +$$
$$(\tilde{\phi}(x,y+1) - 2\tilde{\phi}(x,y) + \tilde{\phi}(x,y-1)) = \rho(x,y) \qquad (4.28)$$

设 $\tilde{\psi}(x,y)$ 在 x 方向和 y 方向的相位差分别为 $\tilde{\Delta}^x(x,y)$ 和 $\tilde{\Delta}^y(x,y)$，则

$$\tilde{\rho}(x,y) = (\tilde{\Delta}^x(x,y) - \tilde{\Delta}^x(x-1,y)) + (\tilde{\Delta}^y(x,y) - \tilde{\Delta}^y(x,y-1))$$
$$(4.29)$$

$\tilde{\rho}(x,y)$ 也为周期函数，对式（4.28）作二维快速傅里叶变换可得到：

$$\Phi_{n,n} = \frac{P_{n,n}}{4(\cos(\pi n/N) - 1)} \qquad (4.30)$$

$\Phi_{n,n}$ 和 $P_{n,n}$ 分别是 $\tilde{\phi}(x,y)$ 和 $\tilde{\rho}(x,y)$ 的二维傅里叶变换，对 $\Phi_{n,n}$ 作快速傅里叶反变换得到 $\tilde{\phi}(x,y)$，而展开的相位 $\phi(x,y)$ 为 $x = 0,1,\cdots,N-1$，$y = 0,1,\cdots,N-1$ 范围内的 $\tilde{\phi}(x,y)$。

基于快速傅里叶变换的最小二乘法算法的实现步骤如下：

（1）得到 $0 \leq x \leq N-1; 0 \leq y \leq N-1$ 上的值 $\rho(x,y)$；

（2）对每一行的 $\rho(x,y)$ 作镜像对称操作，得到：

$$\tilde{\rho}(x,y) = \begin{cases} \rho(x,y) & 0 \leq y < N \\ \rho(x,2N-y) & N \leq y < 2N \end{cases} \qquad (4.31)$$

（3）对 $\tilde{\rho}(x,y)$ 进行快速傅里叶变换得到 $P_{n,n}$；

（4）计算 $\Phi_{n,n}$；

（5）对 $\Phi_{n,n}$ 进行快速傅里叶反变换，得到展开相位 $\phi(x,y)$ 在最小二乘意义下的最优值。

最小二乘法的展开速度较快，展开效果平滑，但是展开结果的精度较低，其原因是该算法以相位梯度最小为条件，没有绕开残差点进行展开，局部区域的误差被全局化的平均，从而导致误差在全局传播。所以该算法在处理局部区域之间相位梯度大的情况下会有严重的失真现象，导致无缺陷区域的相位误差。

4.3　典型缺陷的相位主值图像的展开

4.3.1　无缺陷相位主值图像的展开

由于无缺陷的相位主值图中不存在残差点，可采用行逐点相位展开法进行展开。图 4.3 所示为无缺陷相位主值图的展开结果，即展开的无缺陷相位真值图像 $\phi(x,y)$。

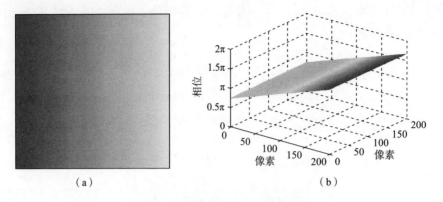

（a）　　　　　　　　　　　　　　（b）

图 4.3　展开的无缺陷相位真值图像

（a）无缺陷相位真值图二维显示；（b）无缺陷相位真值图三维显示

从图 4.3 中可以看出，展开的相位真值图像消除了不连续的相位跳变，其相位真值呈连续分布，其中位于同一列的相位真值基本相等，但移频误差导致了相位真值图像中每行的相位值呈线性变化，图 4.4 所示为图 4.3 中第 100 行和第 100 列的相位真值的分布曲线。

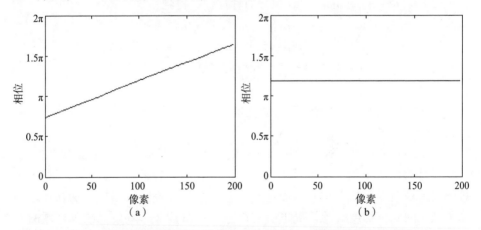

（a）　　　　　　　　　　　　　　（b）

图 4.4　无缺陷相位真值图像第 100 行和第 100 列的相位值分布曲线

（a）第 100 行的相位值分布曲线；（b）第 100 列的相位值分布曲线

在实际检测中，同一列图像子块的无缺陷相位真值图的相位值分布相同，因此，可将该列的无缺陷相位真值图作为基准相位真值图 $\phi_0(x, y)$，将后续得到的相位真值图像 $\phi(x, y)$ 与 $\phi_0(x, y)$ 的对应点相减，得到相位真值差图像：

$$\Delta\phi(x, y) = \phi(x, y) - \phi_0(x, y) \tag{4.32}$$

图 4.5 所示为同一列的两幅无缺陷的相位真值图相减得到的相位真值差图像 $\Delta\phi(x, y)$，其相位差值 $-0.02\pi < \Delta\phi(x, y) < 0.02\pi$。

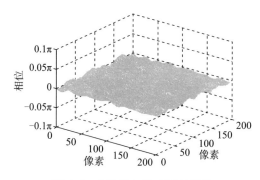

图4.5　无缺陷相位真值差图像

因此，可根据相位真值差 $\Delta\phi(x,y)$ 判断玻璃中是否存在缺陷：

（1）当不含缺陷时，相位真值差 $\Delta\phi(x,y)$ 在相位差值 0 附近上下小幅波动。

（2）当含有缺陷时，相位真值差 $\Delta\phi(x,y)$ 将发生变化，其变化幅度超过无缺陷的波动范围。

4.3.2　典型缺陷的相位主值差图像

同理，也可将无缺陷相位主值图作为基准相位图 $\psi_0(x,y)$，将后续得到的相位主值图 $\psi(x,y)$ 直接与 $\psi_0(x,y)$ 相减，得到相位主值差图像：

$$\Delta\psi(x,y) = \psi(x,y) - \psi_0(x,y) \tag{4.33}$$

由于系统噪声和缺陷的影响，相位主值差 $\Delta\psi(x,y)$ 中仍存在着 2π 的跳变，但 $\Delta\psi(x,y)$ 并不仅仅分布在 $[-\pi, \pi)$ 范围内，而是相对于 $\psi_0(x,y)$ 发生了 2π 的跳变。图4.6所示为典型缺陷的相位主值差图像。

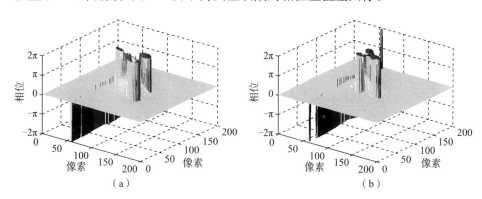

(a)　　　　　　　　　　　　　　(b)

图4.6　典型缺陷的相位主值差图像

（a）夹杂物缺陷的相位主值差图；（b）气泡缺陷的相位主值差图

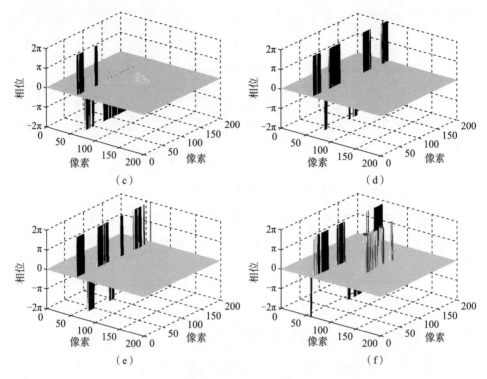

图 4.6　典型缺陷的相位主值差图像（续）

（c）疖瘤缺陷的相位主值差图；（d）线道缺陷的相位主值差图；
（e）玻筋缺陷的相位主值差图；（f）划伤缺陷的相位主值差图

从图中可以看出，相位主值差值的跳变并不相同，对于光学变形类的疖瘤、线道和玻筋缺陷，其跳变的发生是由于系统噪声的影响，使得缺陷相位主值图的跳变与无缺陷相位主值图的跳变位置不同，两者的相减导致 2π 跳变。而对于含有缺陷内核的夹杂物、气泡和划伤缺陷，除了系统噪声引起的跳变之外，缺陷内核处也产生了跳变，这是由于缺陷内核导致了云纹的中断而产生了错误的相位主值，形成残差点，使得相位主值发生剧烈的变化。

因此，可以根据是否含有残差点将典型缺陷分为两类：一类是不含残差点的疖瘤、线道和玻筋缺陷；另一类为含有残差点的夹杂物、气泡和划伤缺陷。

4.3.3　经典相位展开法的展开结果

在如上划分的两类（是否存在残差点）缺陷中，分别以图 4.6（a）和图 4.6（c）所示的夹杂物和疖瘤缺陷为代表，采用行逐点展开法、枝切法、质量图导引法和最小二乘法进行相位展开，得到展开的相位真值差图像，其展开结果如图 4.7 和图 4.8 所示。

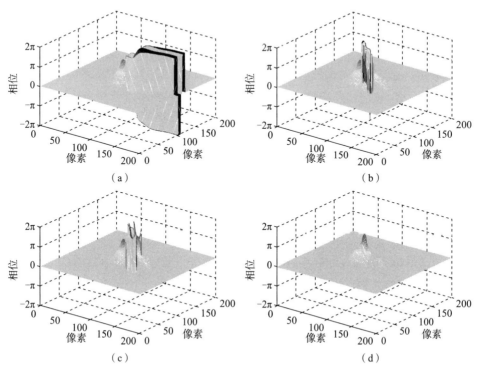

图 4.7 用经典相位展开法展开的夹杂物缺陷相位真值差图像
（a）行逐点展开法；（b）枝切法；（c）质量图导引法；（d）最小二乘法

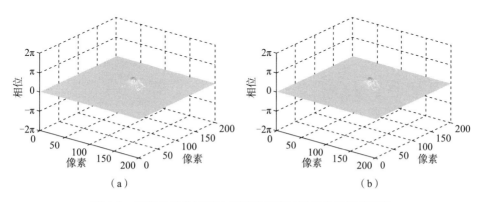

图 4.8 用经典相位展开法展开的疖瘤缺陷相位真值差图像
（a）行逐点展开法；（b）枝切法

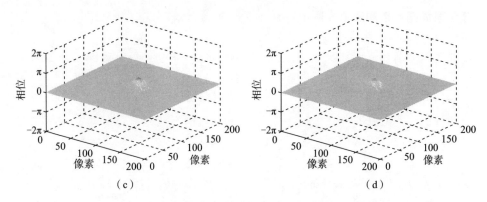

图 4.8　用经典相位展开法展开的疖瘤缺陷相位真值差图像（续）

（c）质量图导引法；（d）最小二乘法

从图 4.7 可以看出，对于含有残差点的夹杂缺陷的相位主值差图像，各展开算法所得到的展开结果之间存在着如下差异：

（1）采用行逐点相位展开算法展开的相位真值差图中出现了横向的拉线现象，这是因为行逐点展开法的下一像素的相位值是参照前一像素的相位值得出的，残差点的存在导致了残差点的错误的相位值沿着相位展开的方向（行方向）进行传播，引起了误差的累积，在残差点之后的列方向上出现了相位差值的跳变，产生了相位展开结果与路径相关的拉线现象。

（2）采用枝切法和质量图导引法得到的展开结果中，除了缺陷的内核区域之外，两种展开算法均消除了跳变，展开的相位差值呈连续分布。而在缺陷内核区域，两种展开算法的展开结果都存在幅度为 2π 的跳变，只是跳变的位置有所差异，这是因为缺陷内核本身（残差点）的相位值就是错误的，而错误的包裹相位导致缺陷内核区域产生了不同的跳变。

（3）相比于行逐点展开法、枝切法和质量图导引法，最小二乘法得到的展开结果更加平滑，即使在缺陷内核区域也未出现跳变，这是由于最小二乘法得到的并不是实际的相位差值，而是与相位差值接近的近似值。

从图 4.8 中可以看出，对于无残差点的疖瘤缺陷相位主值差图像，采用如上四种相位展开算法所得到的相位真值差图像都是连续的，均消除了由系统噪声所导致的 2π 跳变。

4.3.4　经典相位展开法的展开结果分析

展开算法得到的展开结果除了要满足连续性之外，还必须考虑展开结果的准确性和展开算法的执行效率。相位展开结果的准确性是指展开的相位真值差图像能准确地表示实际的相位差值；展开算法的执行效率是指对同一个相位主值差图像进行展开所需要的执行时间。

仍以夹杂和疖瘤缺陷为例，对如上四种相位展开算法，分别从相位展开结果的准确性和算法的执行效率两个方面进行对比。

1）展开结果的准确性比较

根据相关文献的描述，质量图导引法得到的展开结果最可靠，准确性最高，因此将质量图导引法的展开结果作为参考，分别将行逐点展开法、枝切法和最小二乘法的展开结果与其相减，相减后的偏差越小说明展开结果的准确性越高，反之越低。如图 4.9 ~ 图 4.11 所示分别为图 4.7 和图 4.8 中图（a）、图（b）、图（d）与图（c）相减得到的结果。

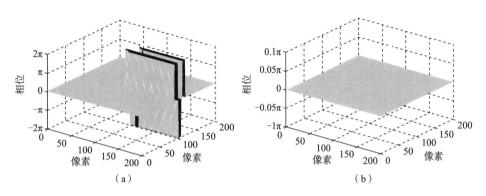

图 4.9 行逐点展开结果的偏差

（a）夹杂物缺陷的偏差；（b）疖瘤缺陷的偏差

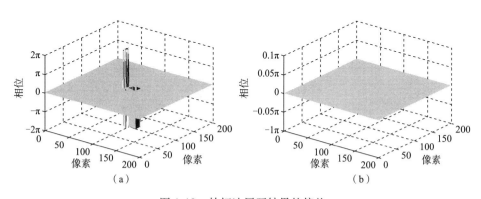

图 4.10 枝切法展开结果的偏差

（a）夹杂物缺陷的偏差；（b）疖瘤缺陷的偏差

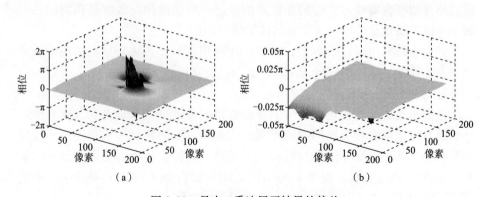

图 4.11　最小二乘法展开结果的偏差

（a）夹杂物缺陷的偏差；（b）疖瘤缺陷的偏差

从图 4.9 ~ 图 4.11 的相减结果可以得出如下结论：

（1）夹杂物缺陷展开结果的偏差。

由于夹杂物缺陷存在残差点，得到的相减结果的差异很大，具体表现为：行逐点展开法受到残差点的影响，产生了与路径相关的拉线现象，导致了无缺陷区域相位值的 2π 跳变误差，并一直延续到了图像的边界；枝切法的偏差主要存在于缺陷内核区域，形成了幅度为 2π 的跳变偏差；而最小二乘法的偏差不仅存在于缺陷区域，而且扩展到了无缺陷的区域。

（2）疖瘤缺陷展开结果的偏差。

由于疖瘤缺陷不存在残差点，行逐点展开法、枝切法与质量图导引法之间的偏差很小，但最小二乘法仍产生了偏差，同样也扩展到了无缺陷区域。表 4.1 所示为疖瘤缺陷相减结果偏差的最大值和最小值。

表 4.1　质量图导引法与其余展开算法的疖瘤缺陷展开结果偏差值

单位：π

算法	行逐点展开法	枝切法	最小二乘法
偏差最大值	3.5×10^{-15}	3.5×10^{-15}	-0.016
偏差最小值	-3.5×10^{-15}	-3.5×10^{-15}	-0.168

从以上结果可以看出，相比于质量图导引法，最小二乘法展开得到的相位差真值的偏差较大，并随着缺陷相位差值的增大，偏差也随之增大。由于本书采用相位差真值判断是否存在缺陷，相位差真值的误差会导致缺陷的误判，因此最小二乘法不适用于缺陷相位主值差图像的展开。

而行逐点展开法对无残差点的展开结果与质量图导引法的最大和最小偏差只是数学意义上的误差，达到了 10^{-15} 的数量级，在实际应用中可忽略不计。但是对于含有残差点的相位主值差图像，在无缺陷区域产生了拉线现象，也不适用于玻璃缺陷相位主值差图像的展开。

枝切法与质量图导引法对夹杂物缺陷和疖瘤缺陷的展开结果之间的偏差，只是在夹杂物缺陷的缺陷内核处产生了不同的跳变，但除了夹杂物缺陷的跳变误差区域之外，其最大和最小偏差也只是数学意义上的误差，可忽略不计。由于缺陷内核处的跳变差异并不影响缺陷的判断。因此，就展开结果的准确性而言，枝切法和质量图导引法的展开结果同样可靠。

2）算法执行效率的比较

在 CPU 主频为 2.2 GHz，内存为 2 G 的计算机上，采用 MATLAB 为开发平台，针对大小为 200 像素×200 像素的相位主值差图像，分别采用行逐点展开算法、枝切法、质量图导引法和最小二乘法进行展开，各展开算法的执行时间见表 4.2。

表 4.2　各展开算法对无残差点缺陷的包裹相位主值图的展开时间

单位：s

算法	行逐点展开法	最小二乘法	枝切法	质量图导引法
执行时间	0.025	0.635	4.548	38.945

从表 4.2 中的结果可以看出，行逐点展开算法的执行时间最短，效率最高；而枝切法和质量图导引法的执行时间过长，无法满足玻璃缺陷在线检测的实时性。

综合展开结果的准确性和算法执行效率，如上四种相位展开算法均无法实现玻璃缺陷相位主值差图像的展开。因此，作者提出了一种基于跳变校正的相位展开算法，以实现缺陷相位主值差图像的快速准确展开[129]。

4.3.5　基于跳变校正的相位展开算法

根据以上分析，四种经典展开算法无法实现准确、高效地展开相位主值差图像，枝切法和质量图导引法的结果准确性最高，但效率过低；最小二乘法的虽然具有较高的效率，但准确性差；行逐点展开算法的执行效率最高，在无残差点时具有很高的准确性，但是残差点的存在导致了跳变误差的传递。因此可通过分析行逐点展开算法的原理，研究一种避免跳变误差传递的、快速准确的相位展开算法。

1. 算法的实现

行逐点展开算法的原理是首先求得当前像素的相位值与前一个像素的相位值之间的差分，如果两个像素的相位值之差大于 π，将当前像素的相位值减去 2π；如果小于 −π，则加上 2π；而介于 −π 和 π 之间时，相位值仍为当前值。因此，行逐点展开算法就是判断相邻两个像素之间的差分值是否超过阈值±π，对超过阈值的像素的相位值作∓2π处理，但是相位主值差图像中一旦出现残差点，就会形成假的2π跳变，对"假跳变"的像素作∓2π处理后，其之后的像素的差分值又超过阈值，再次进行∓2π处理后，后面又会超过阈值，如此往复，造成了误差的传递，形成了拉线现象。

根据相位主值差图像可以看出，当不含缺陷和2π跳变时，相位主值差在0附近上下小幅波动。针对这一特点，可不用前后两个像素的差分值是否超过阈值进行判断，而仅判断当前像素的相位主值差是否超过阈值，如果超过阈值，则进行∓2π处理。

根据以上分析，本书提出了一种跳变校正的相位展开算法，即根据当前像素的相位值判断是否为跳变点，对超过阈值的跳变点作∓2π处理，以消除跳变，实现相位主值差图像的展开。其具体实现过程为：依次扫描相位主值差图像，并对图像中的每个像素依次作如下判断：

(1) 当 $\Delta\psi(x,y) > \pi$ 时，$\Delta\phi(x,y) = \Delta\psi(x,y) - 2\pi$；

(2) 当 $\Delta\psi(x,y) < -\pi$ 时，$\Delta\phi(x,y) = \Delta\psi(x,y) + 2\pi$；

(3) 当 $-\pi \leq \Delta\psi(x,y) \leq \pi$ 时，$\Delta\phi(x,y) = \Delta\psi(x,y)$。

$\Delta\phi(x,y)$ 为展开的相位真值差图像。

从算法的实现过程可以看出，展开过程中只是对每个像素作一次判断，相比于行逐点展开算法的差分处理，其算法的执行效率更高。

2. 与行逐点展开结果的对比

以含有残差点的夹杂物缺陷和气泡缺陷的相位差主值图像为例，通过其中一行相位主值曲线来对比跳变校正算法和行逐点展开算法展开前和展开后的结果，选择夹杂物缺陷和气泡缺陷的第97行相位主值差分布曲线，其展开前后的结果如图4.12和图4.13所示。

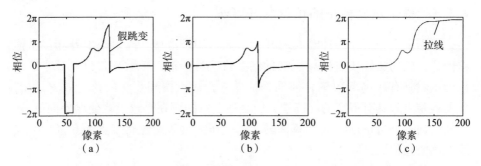

图4.12　夹杂物缺陷第97行相位主值差曲线的展开结果
(a) 展开前；(b) 跳变校正法；(c) 行逐点法

从图4.12和图4.13可以看出，夹杂物缺陷和气泡缺陷的缺陷内核所导

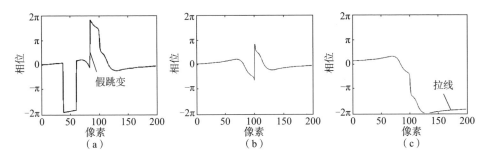

图 4.13 气泡缺陷第 97 行相位主值差曲线的展开结果

（a）展开前；（b）跳变校正法；（c）行逐点法

致的残差点形成了假的 2π 跳变，使行逐点展开法的误差传播，产生了拉线现象。而本书提出的跳变校正法实现了相位的展开，未产生跳变误差的传播。

3. 典型缺陷相位主值差图像的展开结果

针对典型缺陷的相位主值差图像，采用跳变校正算法，得到典型缺陷的相位真值差图像，如图 4.14 所示。展开结果表明，跳变校正算法可以实现典型缺陷相位主值差图像的展开。

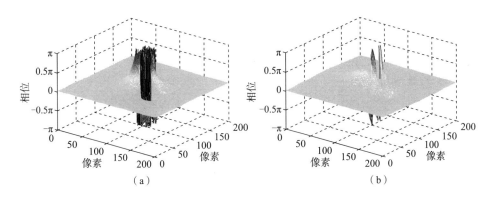

图 4.14 跳变校正算法展开的典型缺陷的相位真值差图像

（a）夹杂物缺陷的相位真值差图；（b）气泡缺陷的相位真值差图

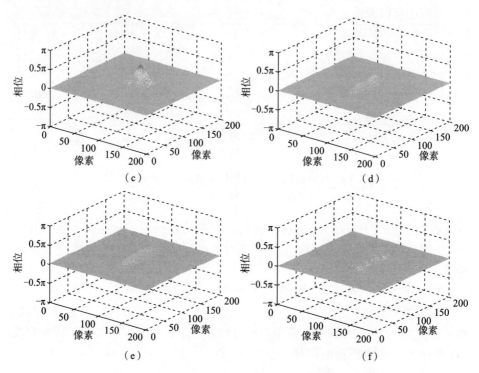

图 4.14　跳变校正算法展开的典型缺陷的相位真值差图像（续）
（c）疙瘤缺陷的相位真值差图；（d）线道缺陷的相位真值差图；
（e）玻筋缺陷的相位真值差图；（f）划伤缺陷的相位真值差图

4. 展开结果分析

仍以夹杂物缺陷和疙瘤缺陷的相位主值差图像为例，比较跳变校正算法和质量图导引法的展开结果的偏差，如图 4.15 所示。

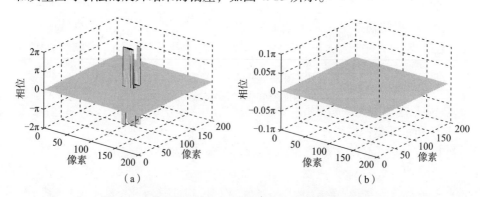

图 4.15　跳变校正算法与质量图导引法的展开结果偏差
（a）夹杂物缺陷的偏差；（b）疙瘤缺陷的偏差

从图中可以看出，夹杂物缺陷和疖瘤缺陷展开结果的之间的偏差，也是在夹杂物缺陷的缺陷内核处产生了 2π 跳变偏差，除跳变偏差点外，其他区域的最大和最小偏差也达到了 10^{-15} 数量级，可忽略不计，相减的结果表明跳变校正算法具有与质量图导引法相同的可靠性。

综上所述，针对玻璃缺陷相位主值差图像的相位展开，本书提出的基于跳变校正的相位展开算法，不仅比行逐点展开算法具有更高的执行效率，而且其展开结果与质量图导引算法相比具有相同的可靠性。

4.4 基于相位真实值的屈光度测量

光学变形缺陷是浮法玻璃质量检验中一项重要的技术指标。光学变形是指人透过玻璃观察景物时，因玻璃表面的不平整和内部折射率的不均匀而产生的景物变形，如典型缺陷中的疖瘤缺陷、线道缺陷和玻筋缺陷。

对于光学变形的测量，王勤等人采用莫尔偏折技术实现了镜片的屈光度测量，但由于该测量装置的机械稳定性要求高，不适用于生产现场的测量[130]。Vincent Meyer 使用相移反射计测量光学变形缺陷[131]。该成像系统由云纹显示屏、玻璃固定装置和相机组成，采用相移法计算出了光学变形缺陷的曲率变化，实现了风挡玻璃的光学变形缺陷测量。但是该方法需要同时采集多幅不同相位的云纹图像，无法实现实时的在线测量。

作者以屈光度表征光学变形程度，推导屈光度与云纹相位之间的数学模型，计算云纹图像的屈光度分布，从而实现玻璃带光学变形缺陷的在线测量[122,132]。

4.4.1 光学变形缺陷的屈光度测量原理

光学变形缺陷是相对于无缺陷玻璃的一种玻璃态缺陷，与无缺陷玻璃之间表现为密度不同或表面不平整导致折射率发生变化，因此，光路结构图可以忽略无缺陷玻璃的折射，如图 4.16 所示。图中 P、C 分别为透射光栅和相机的光心，其中 P 和 C 与参考平面之间的距离均为 l，P 和 C 之间的水平距离为 d。如果玻璃中无缺陷存在，透射出的光栅与参考平面相交于 A 点，并被线阵 CCD 相机采集；如果存在缺陷，透射出的光栅受到缺陷的调制而从 A 点移动到 B 点，由 A 点到 B 点之间的位移携带了缺陷密度或表面曲率的信息。

设点 C' 为点 C 相对于参考平面的对称点，BC' 与 PC 的交点为 H，$H'H''$ 为过 H 点的垂线。三角形 ΔAHB 与 $\Delta PHC'$ 相似，根据三角形相似原理，可得

$$\frac{\overline{AB}}{\overline{PC'}} = \frac{\overline{HH'}}{\overline{HH''}} \tag{4.34}$$

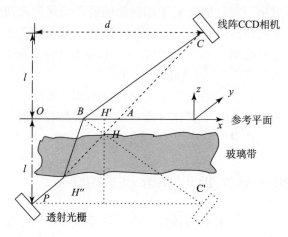

图 4.16　光学变形缺陷检测光路图

设 $\overline{HH'} = h$ 为离面位移，$\overline{HH''} = l - h$，从图中可知 $\overline{PC'} = d$，则上式可转换为：

$$\frac{\overline{AB}}{d} = \frac{h}{l - h} \tag{4.35}$$

即

$$h = \frac{\overline{AB} \cdot l}{d + \overline{AB}} \tag{4.36}$$

假设线阵 CCD 相机采集的 A 点在图像上位于 (x, y)，由于缺陷调制导致云纹变形，像点 (x, y) 在参考平面上由 A 移动到 B 点，其对应的云纹相位由 $\phi_A(x, y)$ 移动至 $\phi_B(x, y)$，则移动的距离：

$$\overline{AB} = \frac{\phi_B(x, y) - \phi_A(x, y)}{2\pi f_0} = \frac{\Delta\phi(x, y)}{2\pi f_0} \tag{4.37}$$

因此将式（4.37）带入式（4.36），可得：

$$h(x, y) = \frac{l \cdot \Delta\phi(x, y)}{\Delta\phi(x, y) + 2\pi d f_0} \tag{4.38}$$

由上式可知玻璃缺陷的像点 (x, y) 的离面位移 $h(x, y)$ 与相位差 $\Delta\phi(x, y)$ 之间的关系，以 x 为变量，对离面位移 $h(x, y)$ 进行微分，可得到 $h'(x, y)$ 和 $h''(x, y)$，根据曲率计算公式可得像点 (x, y) 的曲率半径为：

$$R(x, y) = \frac{\left[1 + h'(x, y)^2\right]^{3/2}}{h''(x, y)} \tag{4.39}$$

再根据屈光度 $D(x, y)$ 和曲率半径 $R(x, y)$ 的关系[133]，可以求出玻璃带表面的屈光度信息：

$$D(x, y) = \frac{(n - 1)}{R(x, y)} = (n - 1)\frac{h''(x, y)}{\left[1 + h'(x, y)^2\right]^{3/2}} \tag{4.40}$$

式中，玻璃的折射率 $n = 1.532$ 。

因此，从如上检测原理可知，根据相位真值差 $\Delta\phi(x,y)$ 、式 （4.38） 和式 （4.40），可以计算出玻璃表面屈光度的分布情况。

4.4.2　实验及结果分析

以玻筋缺陷为例，根据无缺陷的相位真值图 $\phi_A(x,y)$ 和含有玻筋缺陷的相位真值图 $\phi_B(x,y)$ ，得到相位差图像 $\Delta\phi(x,y)$ ，设线阵 CCD 相机和透射光栅到参考平面的距离 $l = 1\,000$ mm，线阵 CCD 相机和透射光栅之间的水平距离 $d = 250$ mm，通过式 （4.38） 可以计算出离面位移分布 $h(x,y)$ ，如图 4.17 所示。

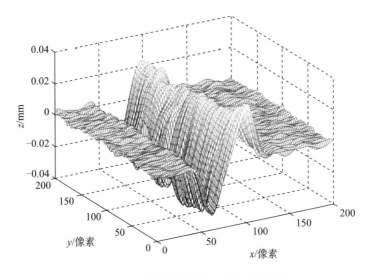

图 4.17　玻筋缺陷的离面位移分布图

对 $h(x,y)$ 在 x 方向分别求一阶和二阶差分，有：
$$h'(x,y) = h(x+1,y) - h(x,y) \tag{4.41}$$
$$h''(x,y) = h'(x+1,y) - h'(x,y) = h(x+2,y) - 2h(x+1,y) + h(x,y) \tag{4.42}$$

将 $h'(x,y)$ 和 $h''(x,y)$ 带入式 （4.40），即可计算出屈光度分布 $D(x,y)$ 。

为了验证该方法的准确性，对含有玻筋缺陷的玻璃样本，在中心线 （图中 $y = 100$ 像素） 的 x 方向上，每隔 1 mm （对应图中的 10 个像素点），采用自动焦度检测仪 （其精度为 $\pm 0.01D$ ，） 测量一个点的屈光度值，共测量 20 个位置的屈光度测量值 （实际值），与计算出的 $y = 100$ 像素时的屈光度分布曲线 （测量值） 的对比，如图 4.18 所示。

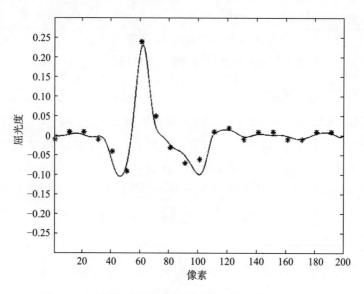

图 4.18　玻筋缺陷屈光度的测量值与实际值的对比曲线

从图中可以看出，两种方式测量的屈光度分布趋势大致相同，这说明本书所采用的测量方法是有效的。为了确定该方法的测量精度，两种测量方法得到的 20 个位置的屈光度值的对比结果见表 4.3。

表 4.3　玻筋缺陷屈光度的两种方法的检测结果

序号	实际值	测量值（四舍五入）	相对偏差
1	− 0. 02	− 0. 01	0. 01D
2	0. 01	0. 00	0. 01D
3	0. 01	0. 00	0. 01D
4	− 0. 01	0. 00	0. 01D
5	− 0. 04	− 0. 07	0. 03D
6	− 0. 09	− 0. 07	0. 02D
7	0. 24	0. 23	0. 01D
8	0. 05	0. 02	0. 03D
9	− 0. 03	− 0. 02	0. 01D
10	− 0. 07	− 0. 05	0. 02D
11	− 0. 06	− 0. 10	0. 04D
12	0. 01	0. 01	0. 00D

序号	实际值	测量值（四舍五入）	相对偏差
13	0.02	0.02	0.00D
14	-0.01	0.00	0.01D
15	0.01	0.00	0.01D
16	0.01	0.00	0.01D
17	-0.01	0.00	0.01D
18	-0.01	-0.01	0.00D
19	0.01	0.01	0.00D
20	0.01	0.01	0.00D

从表中对比可以看出，两种测量结果的最大偏差出现在缺陷的边缘，这是由缺陷所引起的边缘效应导致的测量误差，其偏差最大值为 $0.04D$，而在缺陷处和无缺陷处的测量偏差小于 $0.02D$，因此本书提出的测量方法的测量精度可以达到 $0.04D$。

4.5 基于相位图的缺陷范围确定

4.5.1 结合相位与特征的缺陷检测方法

玻璃缺陷的云纹图像经过改进的傅里叶变换，对一个缺陷图像子块可分别得到包含缺陷相位信息的缺陷相位真值差图像和包含缺陷特征信息的缺陷特征图像，相位真值差图像受系统噪声的影响较小，而在缺陷特征图像中，不同类型的缺陷具有不同的特征，并且缺陷特征的差异较大。

从典型缺陷的相位真值差图中可以看出，当玻璃中不含有缺陷时，相位差值分布在 0 附近；当含有缺陷时，在缺陷处的相位差发生较大变化，并且系统噪声对相位差值的影响较小，因此不仅可以根据相位差值计算出屈光度的分布，而且可以用来判断玻璃中是否存在缺陷，虽然相位真值差图像能够反映出缺陷的存在，但其包含的缺陷类型的特征较少，无法准确地判断缺陷的类型。

而在缺陷特征图像中，不同类型的缺陷产生了不同的缺陷特征。在实际生产过程中，对于含有缺陷内核的夹杂物缺陷、气泡缺陷和划伤缺陷，通常采用缺陷内核的大小和位置来表示该类缺陷信息，而缺陷内核的特征也在缺陷特征图像中完整地反映出来，因此可根据缺陷特征图像实现缺陷的类型、大小和位置的计算。但是，由于缺陷特征图像中包含了大量的系统噪声，在进行缺陷特征图像分割时，会将一个缺陷分割成多个不连通的区域，难以正确地计算出缺陷的数量、大小和类型。

根据以上分析，作者提出了一种根据缺陷相位真值差图像和缺陷特征图像相结合的方法实现玻璃缺陷图像的处理，其实现过程为：

对缺陷相位真值差图像进行分割，并根据分割结果判断是否含有缺陷。

（1）如果不含缺陷，丢弃无缺陷的相位真值差图像和缺陷特征图像，不作进一步的处理；

（2）如果含有缺陷，则根据分割结果确定缺陷的范围，提取该缺陷范围内的缺陷特征图像并对其进行分割，根据分割结果提取缺陷特征，以实现缺陷的位置、大小和类型的检测。

综上所述，本书所提出的基于相位和特征相结合的玻璃缺陷检测方法的框图如图 4.19 所示。

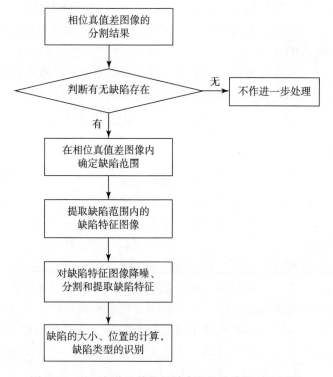

图 4.19　基于相位和特征相结合的缺陷检测方法框图

在玻璃的正常生产过程中，产生玻璃缺陷的概率相对较低，大部分的玻璃产品是不含缺陷的，因此，通过对无缺陷图像的丢弃处理，以及对缺陷特征图像的分割，在保留缺陷特征的前提下，可大大降低缺陷处理的数据量和运算量。

4.5.2　缺陷相位真值差图像的分割

由于在相位真值差图像中，玻璃缺陷的存在会导致缺陷区域内相位值的变化，因此只需将超过无缺陷变化范围的相位值从相位真值差图像中分割出来，即可确定该缺陷的缺陷范围。

图像的分割方法主要包括基于梯度、阈值和结构元素探测的分割方法。基于梯度的分割方法是根据像素值的不连续性进行分割，分割结果表现为目标边缘，而基于阈值和结构元素探测的分割方法是根据像素值的相似性进行分割的，分割结果表现为目标区域，对于本书来说，分割的目标就是玻璃缺陷。

1. 基于梯度的分割

基于梯度分割方法的实质是采用某种算法来提取图像中目标和背景之间的交接线，即目标的边缘，该边缘是两个具有不同灰度的均匀图像区域的边界，所反映的是像素值的不连续性，通常在边缘处的像素值会发生突变。边缘有方向和幅度两个特征：沿边缘走向，像素值变化比较平缓，而沿垂直于边缘方向，像素值变化剧烈，因此基于梯度的分割方法也称为边缘检测算法。

经典边缘检测算法是以微分算子为基础所构成梯度算子，主要包括基于一阶和二阶导数的边缘检测算子，以及 Canny 边缘检测算子。

1) 基于一阶导数的边缘检测算子

常用的基于一阶导数的边缘检测算子有 Roberts 算子、Sobel 算子和 Prewitt 算子。

(1) Roberts 算子。

Roberts 算子采用局部差分来检测目标的边缘，也称为梯度交叉算子。通过式 (4.26) 计算梯度幅值，即

$$R(x,y) = \sqrt{(f(x,y) - f(x+1,y+1))^2 + (f(x,y+1) - f(x+1,y))^2}$$

$$(4.43)$$

为了简化计算，通常用梯度函数的绝对值来计算，即

$$R(x,y) = |R_x| + |R_y| \tag{4.44}$$

其中：

$$\begin{cases} R_x = f(x,y) - f(x+1,y+1) \\ R_y = f(x,y+1) - f(x+1,y) \end{cases} \tag{4.45}$$

根据梯度幅值 $R(x,y)$，选择适当的阈值 TH，作如下判断：若 $R(x,y) > TH$，则像素点 (x,y) 为目标的边缘点，否则为非边缘点。

(2) Sobel 算子。

Sobel 算子是将局部平均和方向差分相结合来检测目标的边缘，即

$$S(x,y) = |S_x| + |S_y| \tag{4.46}$$

其中：

$$\begin{cases} S_x = [(f(x-1,y-1) + 2f(x-1,y) + f(x-1,y+1)] - \\ \quad [f(x+1,y-1) + 2f(x+1,y) + f(x+1,y+1)] \\ S_y = [(f(x-1,y-1) + 2f(x,y-1) + f(x-1,y+1)] - \\ \quad [f(x+1,y-1) + 2f(x,y+1) + f(x+1,y+1)] \end{cases} \tag{4.47}$$

同理，根据梯度幅值 $S(x,y)$，选择适当的阈值 TH，作如下判断：若 $S(x,y) > TH$，则像素点 (x,y) 为目标的边缘点，否则为非边缘点。

（3）Perwitt 算子。

Perwitt 算子在原理上类似 Sobel 算子，同样是利用像素点对相邻的上、下，左右邻接点的灰度差来判断边缘，只是权值上的差异。其算子为：

$$P(x,y) = |P_x| + |P_y| \tag{4.48}$$

其中：

$$\begin{cases} P_x = [f(x-1,y-1) + f(x-1,y) + f(x-1,y+1)] - \\ \quad [f(x+1,y-1) + f(x+1,y) + f(x+1,y+1)] \\ P_y = [f(x-1,y-1) + f(x,y-1) + f(x-1,y+1)] - \\ \quad [f(x+1,y-1) + f(x,y+1) + f(x+1,y+1)] \end{cases} \tag{4.49}$$

用 Perwitt 算子检测图像时，同样与给定的阈值相比较，即可得到目标的边缘点。

2）基于二阶导数的边缘检测算子

常用的基于二阶导数的边缘检测算子包括拉普拉斯算子和 LoG 算子。由于拉普拉斯算子对噪声相当敏感，且常产生双边缘，不能提供边缘方向的信息，因此拉普拉斯算子很少直接用于边缘检测。

LoG 算子是高斯－拉普拉斯算子的简称，是为了弥补拉普拉斯算子的缺点而提出的一种算法，即在运用拉普拉斯算子之前先进行高斯平滑滤波。其具体实现步骤如下：

（1）采用高斯函数 $h(x,y)$ 对图像 $f(x,y)$ 进行低通滤波，根据卷积定理可得滤波后的平滑图像 $g(x,y)$：

$$g(x,y) = h(x,y) * f(x,y) \tag{4.50}$$

其中：

$$h(x,y) = \frac{1}{2\pi\sigma^2}\exp\left(-\frac{x^2 + y^2}{2\sigma^2}\right) \tag{4.51}$$

（2）对平滑图像 $g(x,y)$ 进行拉普拉斯变换，可得：

$$\nabla^2 g = \nabla^2[h(x,y) * f(x,y)] = \nabla^2 h * f(x,y) \tag{4.52}$$

其中：$\nabla^2 h$ 称为 LoG 滤波器，具有平滑性，能够减少噪声的影响，且

$$\nabla^2 h = \frac{\partial^2 h}{\partial x^2} + \frac{\partial^2 h}{\partial y^2} = -\frac{1}{\pi\sigma^4}\Big[1 - \frac{x^2 + y^2}{2\sigma^2}\Big]\exp\Big(-\frac{x^2 + y^2}{2\sigma^2}\Big) \quad (4.53)$$

（3）检测拉普拉斯变换的图像 $\nabla^2 g$ 中的过零点为边缘点。

LoG 算子的标准差 σ 的选择对图像边缘检测的效果影响很大。σ 值越大，噪声滤波效果越好，但同时会丢失一些重要的边缘信息；σ 值小时又会平滑不完全而留有太多的噪声。

3）Canny 边缘检测算子

Canny 边缘检测算子被认为是目前最成功和使用最广泛的边缘检测方法之一。Canny 算子的基本思想是先通过高斯平滑滤波抑制噪声，采用一阶差分算子计算图像的梯度幅值和方向，并对梯度幅值进行非极大值抑制，最后通过双阈值法提取边缘。其具体实现过程如下：

（1）首先用高斯滤波器对输入图像进行卷积滤波，滤除噪声，减小噪声对梯度计算的影响。

（2）使用一阶差分算子计算水平方向和垂直方向的梯度幅值分量 G_x 和 G_y，从而得到图像梯度的幅值 M 和方向 θ：

$$\begin{cases} M = \sqrt{G_x^2 + G_y^2} \\ \theta = \arctan\dfrac{G_y}{G_x} \end{cases} \quad (4.54)$$

（3）对梯度幅值进行非极大值抑制，为了确定边缘，必须保留局部梯度最大的像素点，而抑制非极大值点，即将非局部极大值点置零以得到细化的边缘。

（4）用双阈值算法检测和连接边缘，使用两个阈值 $TH1$ 和 $TH2$，且 $TH1 < TH2$。从而可以得到两个阈值边缘图像 $C_1(x,y)$ 和 $C_2(x,y)$，由于 $C_2(x,y)$ 是通过高阈值得到的，因而得到的边缘为强边缘，但是强边缘中存在间断点。双阈值法要在 $C_2(x,y)$ 中把边缘连接成轮廓，当轮廓达到间断点时，该算法就在 $C_1(x,y)$ 的 8 邻域内寻找可以连接到轮廓上的边缘，这样不断在 $C_1(x,y)$ 中收集边缘，直到将 $C_2(x,y)$ 连接起来。

4）相位真值差图像的边缘检测结果

以疖瘤缺陷的相位真值差图像为例，分别采用 Roberts 算子、Sobel 算子、Prewitt 算子、LoG 算子和 Canny 边缘检测算子进行边缘检测，检测结果如图 4.20 所示。

从图 4.20 所示的疖瘤缺陷相位真值差图像的边缘检测结果可以看出，由于缺陷引起的相位值呈起伏变化，且变化幅度平缓，梯度小，因此基于梯度的分割算法得到的缺陷边缘没有形成闭合的区域，无法确定缺陷的范围。

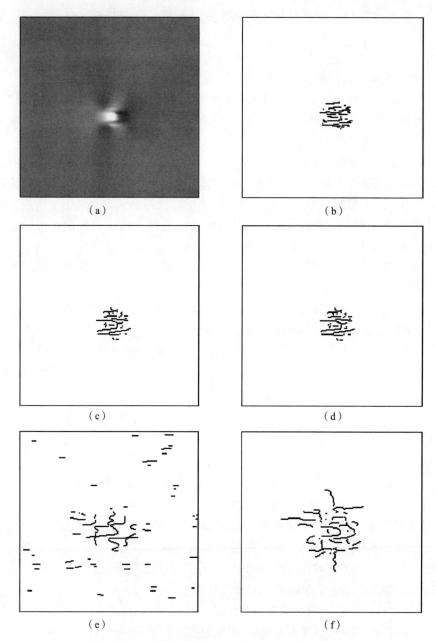

（a）　　　　　　　　　　　　　　　　（b）

（c）　　　　　　　　　　　　　　　　（d）

（e）　　　　　　　　　　　　　　　　（f）

图 4.20　疖瘤缺陷的相位真值差图的边缘检测结果

（a）疖瘤缺陷相位真值差；（b）Roberts 算子；（c）Sobel 算子；

（d）Prewitt 算子；（e）LoG 算子；（f）Canny 边缘检测算子

2. 基于阈值的分割

基于阈值的分割是以图像的相似性为准则而将图像分割为相似的区域，

其基本分割思想是：对待分割的图像，选定一个或者多个像素值作为分割阈值，然后将图像中的各像素点的像素值与所选定的分割阈值相比较，根据比较的结果将像素点分为两类，即目标区域和背景区域。

单阈值的分割方法为：

$$f(x,y) = \begin{cases} 0 & f(x,y) \leqslant T \\ 255 & f(x,y) > T \end{cases} \tag{4.55}$$

式中，T 为分割阈值。

上式中，若分割阈值 T 为固定值，则阈值分割算法称为固定阈值分割；若 T 为动态阈值，则对应的分割算法为动态阈值分割算法。固定阈值分割算法原理简单，计算量小，但自适应性差，尤其是在没有其他先验知识的情况下，难以实现目标和背景的分离；而动态阈值分割法根据图像中像素值的分布动态地计算分割阈值，与固定阈值分割算法相比，其自适应性较强，计算量相对较大。

无缺陷的相位真值差图像中，其相位差值 $|\Delta\phi(x,y)| < 0.02\pi$。仍以疖瘤缺陷的相位真值差图像为例，采用固定阈值 0.02π 对图像进行二值化分割，分割方法如下：

$$f(x,y) = \begin{cases} 0 & |\Delta\phi(x,y)| < 0.02\pi \\ 255 & \text{其他} \end{cases} \tag{4.56}$$

图 4.21 所示为分割结果的反色显示，图中黑色区域（实际灰度值为 255）为分割出的缺陷，白色区域为背景。从分割的二值化结果可以看出，一个缺陷被分割成互不连通的多个独立的不连通区域，要确定各区域是否同属于一个缺陷，必须根据各区域的间距来判断，这使判断缺陷范围的复杂性大大增加。

图 4.21 疖瘤缺陷相位图的分割结果

图 4.22 所示为图 4.20（a）中第 100 行的相位真值差分布曲线，从图中可以看出，产生图 4.21 中分割结果的原因是二值化分割时未考虑缺陷内部的相位值的连续变化，而将一个缺陷分割成多个不同部分。即使采用其他基于阈值的分割方法，也不可避免地产生如上的分割结果，而如果增加缺陷内部相位值的连续性判断，则会增加算法的复杂度和计算量。

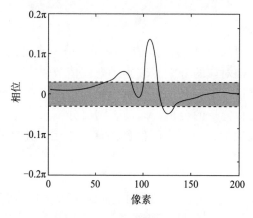

图 4.22　相位真值差曲线

3. 基于结构元素探测的分割

基于结构元素探测的分割方法的基本原理是把图像和结构元素均作为一种点的集合，结构元素不断地在图像中移动并与图像进行集合运算，以实现图像的特征分割。不同的点的集合构成的结构元素具有不同的特性，图像的特征可以用不同性质的结构元素来检测。常用的基于结构元素探测的分割方法主要包括 SUSAN 分割算法和基于数学形态学的分割算法。

1）SUSAN 分割算法

SUSAN 分割算法也称为最小核值相似区算法，其基本思想是采用圆形的结构元素，结构元素的中心称为"核"，比较结构元素内像素点与核的灰度，满足像素点与核的灰度值之差小于阈值的集合称为核值相似区，根据核值相似区即可确定目标区域。SUSAN 分割算法的具体实现步骤如下：

（1）结构元素模板 $N(x,y)$ 的确定。

由于图像像素点的离散性，无法实现真正的圆形模板，通常采用大小为 37 像素的类似圆形模板，其核为 $N(x_0,y_0)$，图 4.23 所示为 SUSAN 分割算法的圆形结构元素模板。

（2）核值相似区的计算。

将模板 $N(x,y)$ 置于图像 $f(x,y)$ 的每个像素上，并对模板所覆盖的像素点依次与核对应的像素点进行比较，比较方法为：

0	0	1	1	1	0	0
0	1	1	1	1	1	0
1	1	1	1	1	1	1
1	1	1	1	1	1	1
1	1	1	1	1	1	1
0	1	1	1	1	1	0
0	0	1	1	1	0	0

图 4.23　SUSAN 分割算法的圆形结构元素模板

$$c(x,y;x_0,y_0) = \begin{cases} 1 & |f(x,y) - f(x_0,y_0)| \leq t \\ 0 & |f(x,y) - f(x_0,y_0)| > t \end{cases} \qquad (4.57)$$

式中，(x_0,y_0) 为核像素点的坐标，(x,y) 为圆形结构元素模板中的其他像素点，$f(x,y)$ 表示 (x,y) 坐标点的像素值，t 为阈值，c 为比较函数。

通过式（4.57）就可以判断模板内部每一个像素是否属于核值相似区，核值相似区的面积 $n(x_0,y_0)$ 可通过式（4.58）计算：

$$n(x_0,y_0) = \sum_{(x,y) \neq (x_0,y_0)} c(x,y;x_0,y_0) \qquad (4.58)$$

（3）目标区域的判定。

将 $n(x_0,y_0)$ 与预先设定的几何阈值 g 相比较，几何阈值 g 的大小决定了核值相似区的大小，即只要图像中的像素的核值相似区的面积小于 g，该点就被判定为目标。几何阈值 g 选取过大时，目标区域的边缘附近的像素可能被判定为目标，过小则会漏检部分目标。实验证明，当几何阈值 g 取 $3/4 n_{max}$ 时，可以较好地提取出目标区域，其中 n_{max} 为模板的最大核值相似区的面积。

像素点是否为目标的判定公式为：

$$R(x_0,y_0) = \begin{cases} 1 & n(x_0,y_0) < g \\ 0 & \text{其他} \end{cases} \qquad (4.59)$$

SUSAN 算法是直接对图像的灰度进行加法操作，不需要对图像进行梯度运算，所以这种算法的效率较高。由于核值相似区面积的计算相当于求积分，因此该算法具有一定的抗噪能力。

2）基于数学形态学的分割算法

数学形态学是一种非线性、不可逆的变换，根据处理对象可分为二值数学形态学和灰度数学形态学[134-136]。二值数学形态学的处理对象为二值图像，将二值图像看成集合，将一个尺寸比二值图像小的集合作为结构元素，利用结构元素在图像范围内平移，同时进行集合的交、并等基本运算；灰度数学形态学的处理对象是灰度图像，是二值数学形态学对灰度图像的扩展，与二值数学形态学理论不同的是灰度数学形态学处理的是灰度图像而不是集合，其中二值数学形态学中所用到的交、并运算在灰度数学形态学中分别用灰度图像的最大、最小极值运算代替。

数学形态学的基本运算包括膨胀、腐蚀、开运算和闭运算。为了区别二值数学形态学和灰度形态学的运算，设二值数学形态学的二值图像表示为集合 F，结构元素为集合 B；灰度数学形态学的灰度图像为 $f(x,y)$，结构元素为 $b(x,y)$。

（1）腐蚀运算。

①二值数学形态学的腐蚀运算。

用结构元素 B 对图像 F 进行腐蚀运算，可表示为 $F\Theta B$：

$$F\Theta B = \{z \mid \exists \alpha \in F, \beta \in B : z = \alpha - \beta\} = \{z \mid (B)_z \cap F^c \neq \varnothing\}$$

(4.60)

式中：$\varnothing$ 为空集，$(B)_z$ 为对 B 作平移 z 操作，F^c 为 F 的补集。

二值图像 F 用结构元素 B 腐蚀的结果是所有使集合 B 平移 z 后包含于 F 的点 z 的集合。

②灰度数学形态学的腐蚀运算。

用结构元素 $b(x,y)$ 对灰度图像 $f(x,y)$ 进行腐蚀运算，可表示为 $f\Theta b$：

$$(f\Theta b)(s,t)$$

$$= \min\{f(s+x, t+y) - b(x,y) \mid (s+x), (t+y) \in D_f; (x,y) \in D_b\}$$

(4.61)

式中，s、t 为分别为水平和垂直方向上的平移参数，D_f、D_b 分别为灰度图像和结构元素的定义域。平移参数 $(s+x)$ 和 $(t+y)$ 必须在 f 的定义域内，图像腐蚀后的定义域为原图像定义域的子集。灰度腐蚀运算与二维相关相似，采用最小值运算代替了相关运算，用减法运算代替了相关的乘积。

腐蚀运算是逐点计算，灰度图像中一点 (x,y) 的腐蚀运算为该点邻域灰度值与结构元素对应点的灰度值之差，取其中的最小值作为该点的灰度值。对灰度图像进行腐蚀运算的结果表现为：如果结构元素的值为正，则输出图像的灰度比输入图像低，图像变暗；如果结构元素比输入图像的亮细节的尺寸大，输入图像的亮细节会被削弱，削弱的程度取决于亮细节周围的灰度值和结构元素自身的形状和幅值。

（2）膨胀运算。

①二值数学形态学的膨胀运算。

用结构元素 B 对图像 F 进行膨胀运算，可表示为 $F \oplus B$:

$$F \oplus B = \{z \mid \exists \alpha \in F, \beta \in B : z = \alpha + \beta\} = \{z \mid (\hat{B})_z \cap F \neq \varnothing\}$$

$$(4.62)$$

式中：$\varnothing$ 为空集，$(\hat{B})_z$ 为对 B 进行相对原点的映射后作平移 z 操作。

式（4.62）表明膨胀过程是先对 B 作关于原点的映射，然后平移 z，F 被 B 膨胀是映像 $\hat{B}$ 被所有 z 平移后与 F 的交集不为空集。

②灰度数学形态学的膨胀运算。

用结构元素 $b(x, y)$ 对灰度图像 $f(x, y)$ 进行膨胀运算，可表示为 $f \oplus b$:

$(f \oplus b)(s, t)$

$= \max\{f(s-x, t-y) + b(x, y) \mid (s-x), (t-y) \in D_f ; (x, y) \in D_b\}$ 　（4.63）

式中，s、t 为分别为水平和垂直方向上的平移参数，D_f、D_b 分别为灰度图像和结构元素的定义域，平移参数 $(s-x)$ 和 $(t-y)$ 必须在 f 的定义域内。

膨胀运算后，灰度图像的定义域扩大，膨胀后的定义域等于原图像定义域被结构元素定义域二值膨胀的结果，边缘向外延伸。灰度膨胀运算与二维卷积相似，采用最大值运算代替了卷积求和，用加法运算代替了卷积乘积。

膨胀运算是逐点计算，在点 (x, y) 的膨胀运算涉及邻域点的灰度值及结构元素，通过计算灰度图像与结构元素中对应点的灰度值之和，取其中的最大值作为该点 (x, y) 的灰度值。对灰度图像进行膨胀运算的结果表现为：如果结构元素的值为正，则输出的图像比输入图像的灰度值高，图像更亮；图像中低灰度区域减少还是消除，取决于结构元素的值和形态。

（3）开、闭运算。

数学形态学的开、闭运算是在膨胀和腐蚀的基础上定义的。采用同一个结构元素，对图像进行先腐蚀再膨胀定义为开运算，而对图像进行先膨胀再腐蚀定义为闭运算。

①二值数学形态学的开、闭运算。

用结构元素 B 对图像 F 进行开运算，表示为 $F \circ B$，闭运算表示为 $F \cdot B$:

$$\begin{cases} F \circ B = (F \ominus B) \oplus B \\ F \cdot B = (F \oplus B) \ominus B \end{cases}$$

$$(4.64)$$

开运算结果的实质是图像 F 先被结构元素 B 腐蚀，结果再被 B 膨胀。由膨胀和腐蚀的定义可知：开运算可以平滑图像轮廓，除去图像中不能包含结构元素的部分，即除去图像中的细小突出，图像中的某些狭长部分。

闭运算结果的实质就是 F 被 B 膨胀，结果再被 B 腐蚀。闭运算也能平滑图像，能去掉原图像中的小孔，填补轮廓上的细小的缝隙，融合图像上的狭窄的缺口。由于膨胀和腐蚀的对偶性，开运算和闭运算也具有相应的对偶性。

②灰度数学形态学的开、闭运算。

灰度数学形态学的开运算和闭运算和二值数学形态学的开、闭运算有相同的表达形式，用结构元素 $b(x,y)$ 对灰度图像 $f(x,y)$ 进行开运算表示为 $f \circ b$，闭运算表示为 $f \cdot b$ ：

$$\begin{cases} f \circ b = (f \ominus b) \oplus b \\ f \cdot b = (f \oplus b) \ominus b \end{cases} \tag{4.65}$$

从定义可以看出，灰度开运算是先用结构元素对输入图像进行腐蚀，结果再被结构元素膨胀。而灰度闭运算则是先用结构元素对输入图像进行膨胀，再用结构元素对膨胀结果进行腐蚀。

在实际运用中，由于腐蚀运算能去除较小的亮细节，使图像变暗，相同结构元素的膨胀运算会使图像恢复回原来的亮度，但不包含已经去除的较小的亮细节部分。因此，开运算通常用于去除灰度图像中小于结构元素尺寸的亮点，同时保留所有的灰度和较大亮区域的特征不变。闭运算的膨胀运算能去除灰度图像中较小的暗点，使图像别的区域增亮，随后的腐蚀运算又使图像灰度降低到原图像的亮度，并且不再含有已经去除的较小的暗点部分。因此，闭运算通常用来去除图像中小于结构元素尺寸的暗点，同时保留原来较大的亮度特征[137,138]。

3）基于结构元素探测的分割结果

（1）SUSAN 算法的分割结果。

图 4.24 所示为 SUSAN 算法分割结果的反色显示。从图中可以看出该算法的分割结果将图 4.21 中阈值分割结果的各个分离的部分连通起来，通过间断的连接形成了一个连通区域。从将一个缺陷形成一个连通区域的意义上来说，SUSAN 算法的分割效果好于固定阈值分割算法。

图 4.24　SUSAN 算法分割结果的反色显示

（2）基于灰度数学形态学的分割结果。

在灰度数学形态学中，如果结构元素中的像素都为正，膨胀会使图像的灰度增加，腐蚀会使图像的灰度降低。膨胀的结果是减少灰度低的细节，而腐蚀的结果是减少灰度高的细节。因此灰度的膨胀和腐蚀都是针对局部特征的操作，前者表现为局部最小值滤波，后者表现为局部最大值滤波。

为了与 SUSAN 算法的分割结果相对比，灰度数学形态学的结构元素 $b(x, y)$ 也采用直径为 7 的圆形结构，分别对疖瘤缺陷的相位真值差图 $\Delta\phi(x,y)$ 进行膨胀和腐蚀运算，将得到的膨胀运算的结果减去腐蚀运算的结果，即

$$f' = (\Delta\phi \oplus b) - (\Delta\phi \Theta b) \tag{4.66}$$

对相减得到的结果 $f'(x,y)$ 采用式（4.67）的固定阈值分割算法进行分割，得到分割的二值化图像，图 4.25 所示为二值化图像的反色显示。

$$f(x,y) = \begin{cases} 0 & f'(x,y) < 0.02\pi \\ 255 & \text{其他} \end{cases} \tag{4.67}$$

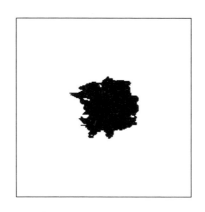

图 4.25　基于灰度数学形态学的分割结果的反色显示

对比图 4.24 和图 4.25 可以看出，相比于 SUSAN 分割算法，基于灰度数学形态学的分割结果实现了各个分离的部分的完全连通，除了在缺陷的内部存在较小的孔洞之外，其实现了将一个缺陷分割成一个完整的连通区域。

因此本书采用灰度数学形态学和阈值分割相结合的图像分割方法，来实现缺陷相位真值差图像的分割[139]。

4.5.3　缺陷范围的确定方法

1. 基于分割结果的缺陷范围

从图 4.25 所示的分割结果可以看出，缺陷区域的内部存在点状的孔洞，可采用 3×3 的正方形结构元素，通过二值数学形态学的闭运算实现孔洞的填充，则填充空洞后的缺陷区域即为缺陷的范围，图 4.26 所示为图 4.25 所示内容填充孔洞后的二值化图像。

图 4.26　填充孔洞的缺陷范围

将填充孔洞的二值化图像与该缺陷的缺陷特征图像作"与"运算，即可提取出缺陷范围内的缺陷特征图像，如图 4.27 所示。

图 4.27　缺陷范围内的缺陷特征图像

从图 4.27 以看出，采用如上方法所确定的缺陷范围，使缺陷特征图像包含了过多的背景灰度，主要原因是式（4.67）中设置的分割阈值较低。因此，较低的阈值会导致缺陷范围过大，包含过多的无用的背景灰度；反之，较高的阈值使得云纹变形较小的缺陷被当作背景灰度，产生漏检。针对这一问题，本书采用高低阈值的方法，即通过设置低阈值将缺陷区域提取出来，在提取的缺陷区域内采用高阈值进行分割，得到缺陷范围。

对于利用式（4.66）得到的 $f'(x,y)$，对其进行高低阈值分割，其实现过程为：

（1）设定低阈值 $T_1 = 0.02\pi$，通过式（4.68）提取缺陷区域，将 $f'(x,y) < T_1$ 的像素值分割成背景，$f'(x,y) \geqslant T_1$ 的像素值不变，即

$$f''(x,y) = \begin{cases} 0 & f'(x,y) < 0.02\pi \\ f'(x,y) & \text{其他} \end{cases} \tag{4.68}$$

（2）对于提取出来的 $f''(x,y) \neq 0$ 的缺陷区域，采用式（4.69）在缺陷区域内分割出缺陷范围：

$$f(x,y) = \begin{cases} 0 & f''(x,y) < T_2 \\ 255 & \text{其他} \end{cases} \tag{4.69}$$

式中，T_2 为该缺陷区域内的像素值的平均值。

同样，对于疖瘤缺陷，根据高低阈值分割法可得到分割阈值 $T_2 = 0.035\pi$，确定的缺陷范围和范围内的缺陷特征图像如图 4.28 所示。

(a)　　　　　　　　　　　　　　　　(b)

图 4.28　修改分割阈值的缺陷范围及其范围内的缺陷特征图像

（a）确定的缺陷范围；（b）缺陷范围内的缺陷特征图像

从图 4.28（b）中可以看出，所确定的缺陷范围最大限度地减小了包含缺陷的缺陷特征图像，通过对缺陷范围之外的无缺陷部分的图像直接进行删除，可使参与缺陷特征计算的数据量和运算量大幅度地减小。

但是在实际应用中，采用上述方法所确定的缺陷范围的轮廓复杂，增加了缺陷特征图像处理的复杂性。因此本书取上述确定的缺陷范围的最小外切矩形作为缺陷范围。

2. 基于连通域的最小外切矩形

不失一般性，假设一个相位真值差图像子块中包含多个缺陷，通过如上方法分割出轮廓复杂的缺陷范围后，在该二值化图像子块中包含了多个连通区域（每个缺陷为一个连通区域）。利用二值数学形态学的膨胀运算，确定缺陷范围的最小外切矩形的具体实现过程为：

（1）对于内含多个连通区域的 8 连通图像 F，从某个连通区域 F_1 内部的某个像素 S 开始，不断采用 3×3 的结构元素 B 进行膨胀。

（2）假设其他连通分量与 F_1 之间至少存在 1 个像素的距离，3×3 的结构元素 B 保证了只要 S 在区域 F_1 的内部，每次膨胀都不会产生其他连通区域的点，只需用每次膨胀后的结果和原始图像 F 求交集，就能把膨胀限制在 F_1 内部。

（3）随着对 S 的不断膨胀，直到最终 S 充满整个连通分量 F_1，对连通分量 F_1 的提取完毕。

（4）将得到连通区域 F_1 的所有行坐标集合和列坐标集合进行排序，分别取出行、列坐标的最小值 x_{min}、y_{min} 和最大值 x_{max}、y_{max}，则该连通区域的最小外切矩形所包围的区域为 $x_{min} \leqslant x \leqslant x_{max}$，$y_{min} \leqslant y \leqslant y_{max}$。

（5）依次扫描图像 F 中的其他连通区域，重复上述过程，直至处理完该图像子块中所有的连通区域。

4.5.4   典型缺陷的缺陷范围

对于典型缺陷的相位真值差图像，采用灰度数学形态学和高低阈值分割相结合的分割方法，将其分割成二值化图像，并利用基于连通域的最小外切矩形确定方法，得到最小外切矩形的行、列坐标的最小值和最大值，见表 4.4。

表 4.4   典型缺陷范围的最小外切矩形的行、列坐标的最小值和最大值

	x_{min}	x_{max}	y_{min}	y_{max}
夹杂物缺陷	64	143	73	139
气泡缺陷	70	130	84	133
疖瘤缺陷	80	132	83	134
线道缺陷	91	111	54	146
玻筋缺陷	85	121	48	166
划伤缺陷	98	119	60	158

图 4.29 所示为根据表 4.4 所确定的典型缺陷的缺陷范围，图中虚线为外切矩形的边界。

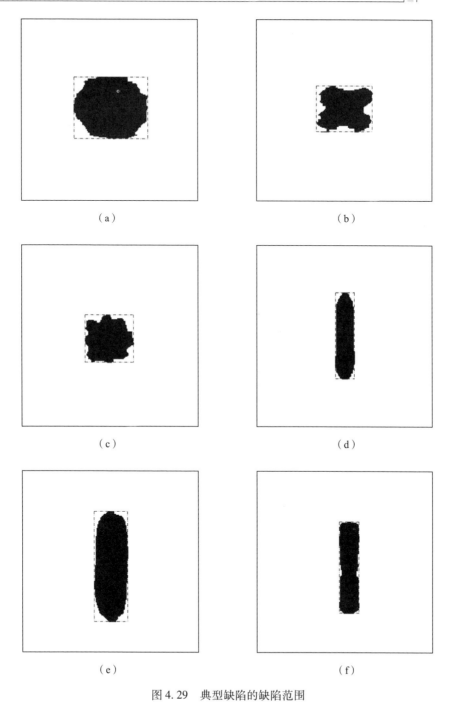

（a）

（b）

（c）

（d）

（e）

（f）

图 4.29 典型缺陷的缺陷范围

（a）夹杂物缺陷；（b）气泡缺陷；（c）疖瘤缺陷；

（d）线道缺陷；（e）玻筋缺陷；（f）划伤缺陷

第五章 缺陷特征图像的分割

缺陷特征图像中的缺陷内核或外核的大小和数量决定了玻璃产品等级的划分，而典型缺陷的内核和外核所表现出的特征是判断缺陷类型的重要依据。因此，本章通过研究缺陷特征图像的分割方法，得到分割后的三值化缺陷特征图像。

5.1 缺陷范围内的缺陷特征图像

提取图 4.29 所示的缺陷范围内的典型缺陷特征图像，如图 5.1 所示。

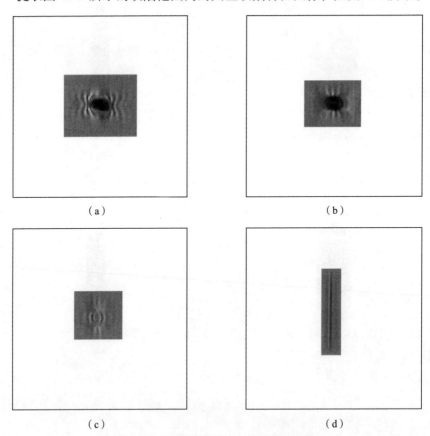

（a）　　　　　　　　　　　　　　（b）

（c）　　　　　　　　　　　　　　（d）

图 5.1　缺陷范围内的典型缺陷特征图像

（a）夹杂物缺陷；（b）气泡缺陷；（c）疖瘤缺陷；（d）线道缺陷

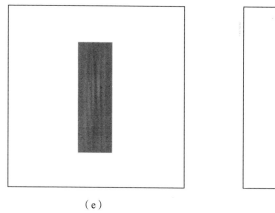

（e）　　　　　　　　　　　　　　（f）

图5.1　缺陷范围内的典型缺陷特征图像（续）

（e）玻筋缺陷；（f）划伤缺陷

当缺陷位于图像子块的边界时，分割线将一个缺陷分割成两个或多个不同的部分，对于这种情况，按照如上的方法先确定各图像子块内的缺陷范围（缺陷范围将包含图像子块的边界），将包含相同分割线的缺陷范围合并，合并的缺陷范围取各缺陷外切矩形实际坐标的最小值和最大值，图5.2所示为缺陷位于左、右两个图像子块内时缺陷范围的确定方法示意。

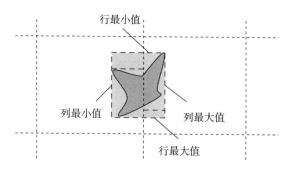

图5.2　合并的缺陷范围的确定方法示意

以夹杂物缺陷为例，假设图像子块的分割线分别将夹杂缺陷分割在左、右两个图像子块内，如图5.3所示。

图5.4所示为图5.3中子块Ⅰ和子块Ⅱ的相位真值差图像和分别确定的缺陷范围，以及合并缺陷范围后提取的缺陷范围内的缺陷特征图像。

从图5.4中可以看出，两个相邻子块所确定的合并的缺陷范围与在图4.29（a）中所确定的范围基本相同。虽然两个子块分别确定的缺陷范围的上、下边界偏差了2个像素，但缺陷本身并未发生偏差，只需取上边界的最

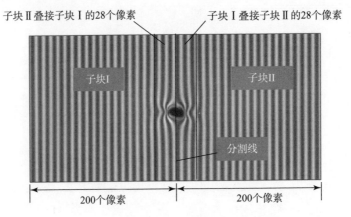

图 5.3　夹杂物缺陷被分割在左、右相邻子块

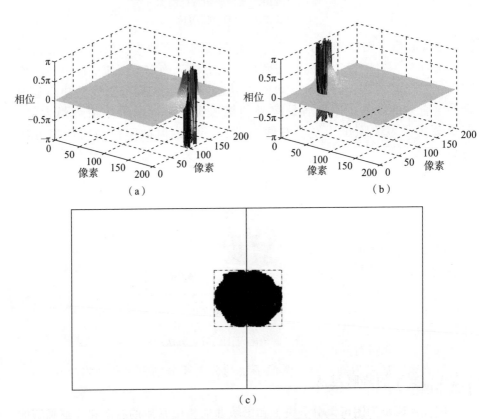

图 5.4　夹杂缺陷位于相邻子块内合并的缺陷范围

（a）子块Ⅰ的相位真值差图像；（b）子块Ⅱ的相位真值差图像；

（c）子块Ⅰ和子块Ⅱ的分别确定的缺陷范围

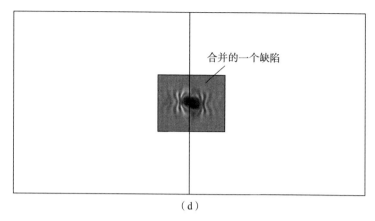

合并的一个缺陷

（d）

图 5.4　夹杂缺陷位于相邻子块内合并的缺陷范围（续）

（d）子块Ⅰ和子块Ⅱ所确定的合并的缺陷范围内的缺陷特征图像

小值和下边界的最大值即可确定缺陷的合并缺陷范围。另外合并的缺陷范围可能导致缺陷范围的扩大，但扩大的缺陷范围所包含的是背景灰度，并不影响缺陷特征图像的后续处理。

同理，当同一个缺陷位于上、下两个子块或多个子块时，均可采用合并缺陷范围的方法，将合并缺陷范围内的缺陷特征图像看作一个缺陷进行处理，使同一个缺陷具有完整的缺陷特征，以保证缺陷特征提取和类型识别的准确性。

5.2　缺陷特征图像的降噪

缺陷特征图像的分割是针对缺陷范围内所包含的一个完整缺陷的分割。根据前文的分析，缺陷特征图像受到系统噪声的影响较大，灰度值在 128 附近上下跳变，虽然跳变幅度较小，但跳变频率较高。从图 5.1 可以看出，夹杂物缺陷、气泡缺陷、疖瘤缺陷、线道缺陷和划伤缺陷的信噪比相对较高，受系统噪声的影响不大，但玻筋缺陷与背景灰度的差异较小，系统噪声对其影响较大，必须进行降噪处理。

5.2.1　典型的降噪算法

图像的降噪方法可以分为线性和非线性降噪，常用的有中值滤波和均值滤波。灰度变换则是一种对比度增强方法，在某些应用中不仅可以增强图像的视觉效果，而且可以实现图像的降噪处理。

1）中值滤波

中值滤波是一种非线性信号的处理方法，一般采用含有奇数个点的滑动

窗口 W ，用窗口中各点灰度值的中值来替代指定点的灰度值。对于奇数个元素，中值为大小排序后中间的数值；对于偶数个元素，中值为排序后中间两个元素灰度值的平均值。函数模型如下：

$$g(x,y) = med\{f(x - i, x - j), (i,j) \in W\} \tag{5.1}$$

中值滤波的窗口形状和大小对滤波的效果影响较大，不同的形状和尺寸会产生不同的滤波效果，使用时需要根据图像内容和要求加以选择。常用的滤波窗口有线状、方形、圆形和十字形等。

中值滤波是一种典型的低通滤波器，能够减弱随机干扰，消除脉冲噪声，同时又能较好地保护目标图像的边缘。如果图像中的点、线和尖角细节较多，则不宜采用中值滤波。

2）均值滤波

均值滤波是典型的线性滤波算法，它是指在图像上对目标像素给定一个模板，该模板包括了其周围的临近像素点和其本身像素点，再用模板中的全体像素的平均值来代替原来的像素值。

均值滤波采用的主要方法为邻域平均法，是用均值代替原图像中的各个像素值，即对待处理灰度图像 $f(x,y)$ 的一个像素 (x,y) ，选择一个模板，该模板由其邻近的若干像素组成，求模板中所有像素的均值，再把该均值赋予当前像素点 (x,y) ，作为处理后图像在该点上的灰度值 $g(x,y)$ ，即

$$g(x,y) = \frac{1}{N} \sum f(x,y) \tag{5.2}$$

式中， N 为该模板中包含当前像素在内的像素总个数，模板的大小可以选择 3×3 、 5×5 等，即以目标像素为中心作平均运算。

均值滤波法可以降低噪声对图像的影响，增强图像的视觉效果，对消除随机噪声的效果较好，但该方法在降噪的同时使图像模糊，特别在图像边缘和细节处更为明显，并且平滑模板越大，模糊越厉害。

3）灰度变换

灰度变换是把图像的灰度 $f(x,y)$ 经过一个变换函数 $T\{\cdot\}$ ，变换成一个新的图像 $g(x,y)$ ，即

$$g(x,y) = T\{f(x,y)\} \tag{5.3}$$

通过变换，可使图像的灰度动态范围扩大，提高图像的对比度，也可以抑制噪声。根据变换函数的不同，可将灰度变换分为线性变换、分段线性变换和非线性变换。

（1）线性变换：设图像 $f(x,y)$ 的灰度范围为 $[a,b]$ ，将灰度范围变换到 $[c,d]$ ，如图 5.5 所示，变换后的图像为 $g(x,y)$ ，则

$$g(x,y) = \begin{cases} c & f(x,y) < a \\ \dfrac{d-c}{b-a}(f(x,y)-a) + c & a \leqslant f(x,y) \leqslant b \\ d & f(x,y) > b \end{cases} \quad (5.4)$$

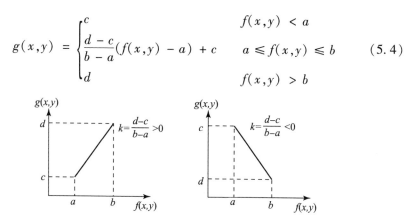

图 5.5　线性变换函数曲线

该方法是利用线性变换将灰度范围线性扩展，仅仅能够增强图像的对比度，改善图像的视觉效果。线性变换使噪声的幅值随图像灰度值的变化而线性变化，因此不能实现图像的降噪。

（2）分段线性变换：能够突出感兴趣的灰度区间，将感兴趣的灰度范围线性扩展，相对抑制不感兴趣的灰度区域。

对于原图像 $f(x,y)$，其灰度范围为 $[0,M]$，如图 5.6 所示，变换后的图像为 $g(x,y)$，其灰度范围为 $[0,N]$，则分段线性变换可表示为：

$$g(x,y) = \begin{cases} \dfrac{c}{a}f(x,y) & 0 \leqslant f(x,y) < a \\ c + \dfrac{d-c}{b-a}[f(x,y)-a] & a \leqslant f(x,y) \leqslant b \\ d + \dfrac{N-d}{M-b}[f(x,y)-b] & b < f(x,y) \leqslant M \end{cases} \quad (5.5)$$

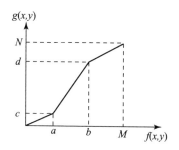

图 5.6　分段线性变换函数曲线

通过调整各灰度区间的分割点和灰度变换的斜率，可对任一灰度区间进行扩展和压缩，因此，分段线性变换可以在某一灰度区间内进行灰度压缩以实现噪声干扰的消除，而且可以提高其他灰度区间的对比度。

（3）非线性变换：采用非线性变换函数实现灰度图像的非线性变换，如指数函数和对数函数。其中对数变换用于扩展低灰度区域，压缩高灰度区域，使图像的灰度分布与人的视觉特性匹配。指数变换的效果与对数变换相反，是压缩低灰度区域，扩展高灰度区域，适用于灰度较高的图像的处理。因此，非线性变换主要用于增强图像的视觉效果，不适于消除玻璃缺陷特征图像的系统噪声。

5.2.2　基于分段线性变换的图像降噪

虽然中值滤波和均值滤波均能较好地消除跳变的系统噪声，但由于某些小的缺陷或缺陷边沿的高频率，在滤除噪声的同时势必影响缺陷特征的准确判断，造成较小缺陷的滤除和缺陷边沿的模糊。因此需要采用一种既能降低系统噪声，又能保留缺陷特征的降噪方法。

图 5.7 所示为不含缺陷的缺陷特征图像的灰度直方图，从图中可以看出，背景灰度受系统噪声的影响，灰度值主要分布在 [125，131]。因此，根据系统噪声的灰度值分布集中的特点，本书采用分段线性变换的方法实现缺陷特征图像的降噪处理。本书所采用的分段线性变换的函数形式如下：

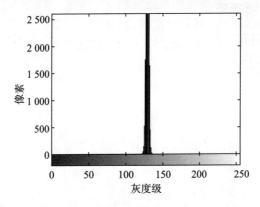

图 5.7　无缺陷特征图像的灰度直方图

$$f(x,y) = \begin{cases} \dfrac{y_1}{x_1}f(x,y) & f(x,y) < x_1 \\[2mm] \dfrac{y_2 - y_1}{x_2 - x_1}(f(x,y) - x_1) + y_1 & x_1 \leqslant f(x,y) \leqslant x_2 \\[2mm] \dfrac{255 - y_2}{255 - x_2}(f(x,y) - x_2) + y_2 & f(x,y) > x_2 \end{cases} \qquad (5.6)$$

式中，控制点参数 x_1 和 x_2 是需要转换的灰度范围，y_1 和 y_2 决定了线性变换的斜率。

设定控制点参数 $x_1 = 125$，$x_2 = 131$，灰度值 $f(x,y)$ 分布在 $[x_1, x_2]$ 的灰度范围为背景灰度，将背景灰度范围内的灰度值压缩到同一个背景灰度值 128，即控制点 $y_1 = y_2 = 128$。图 5.8 所示为控制点参数 $x_1 = 125$，$x_2 = 131$，$y_1 = y_2 = 128$ 的分段线性变换函数曲线。

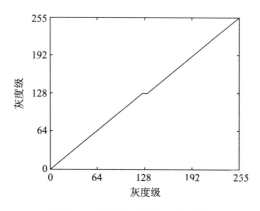

图 5.8　分段线性变换函数曲线

5.2.3　典型缺陷图像的降噪结果

以夹杂物缺陷和玻筋缺陷为例，对其典型缺陷特征图像的灰度值进行图 5.8 所示的分段线性变换，则分段变换前后的灰度直方图如图 5.9 和图 5.10 所示。分段线性变换后的典型缺陷图像如图 5.11 所示。

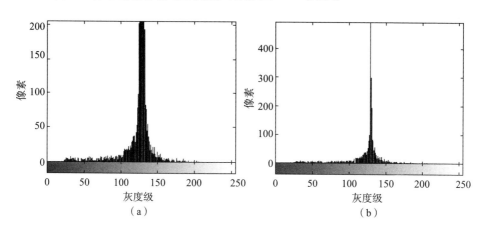

（a）　　　　　　　　　　　　　　（b）

图 5.9　分段变换前后的夹杂缺陷的灰度直方图

（a）分段变换前的灰度直方图；（b）分段变换后的灰度直方图

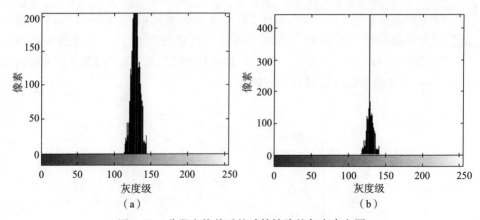

（a） （b）

图5.10 分段变换前后的玻筋缺陷的灰度直方图

（a）分段变换前的灰度直方图；（b）分段变换后的灰度直方图

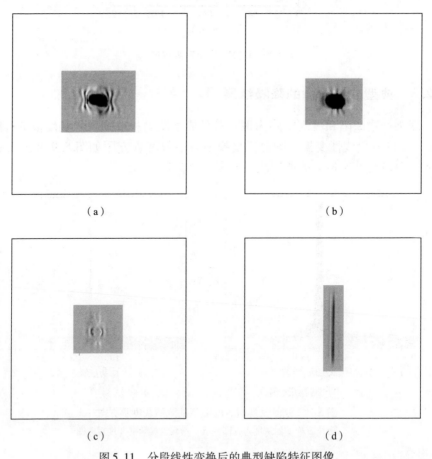

（a） （b）

（c） （d）

图5.11 分段线性变换后的典型缺陷特征图像

（a）夹杂物缺陷；（b）气泡缺陷；（c）疖瘤缺陷；（d）线道缺陷

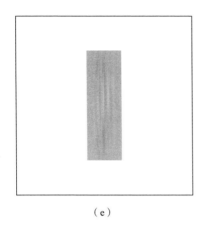
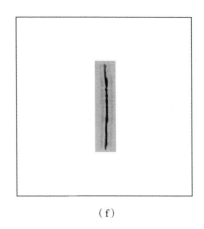

（e）　　　　　　　　　　　　　（f）

图 5.11　分段线性变换后的典型缺陷特征图像（续）

（e）玻筋缺陷；（f）划伤缺陷

　　从对典型缺陷特征图像进行分段线性变换前后的结果和直方图可以看出，变换后的缺陷特征图像中的背景灰度趋于一致，在抑制和消除了大部分的背景噪声的前提下，并没有改变缺陷的原有特征。

5.3　缺陷特征图像的阈值分割

　　在典型缺陷特征图像中，相对于背景灰度，缺陷内核仅含有低灰度值的像素，而缺陷外核既含有高灰度值的像素，也包含低灰度值的像素。为了完整地保留不同类型缺陷的特征，必须分割出三类目标：第一类目标为背景灰度，第二类目标为缺陷内核和缺陷外核的低灰度值，第三类目标为缺陷外核的高灰度值。因此需设定两个阈值 T_1 和 T_2，对缺陷特征图像进行双阈值分割，得到三值化的分割结果。

　　采用的分割方法如式（5.7）所示：

$$f(x,y) = \begin{cases} 0 & f(x,y) < T_1 \\ 128 & T_1 \leqslant f(x,y) \leqslant T_2 \\ 255 & f(x,y) > T_2 \end{cases} \tag{5.7}$$

　　不同类型的玻璃缺陷具有不同的特征，且灰度分布范围也缺乏一致性。因此，对含有不同类型缺陷的缺陷特征图像，必须根据缺陷特征图像的灰度值分布情况动态地计算分割阈值，以实现不同类型缺陷的准确分割。

　　在动态双阈值分割算法中，基于最大类间方差的双阈值分割算法往往能够得到较好的分割效果[140]。

5.4　基于最大类间方差的双阈值分割法

基于最大类间方差的双阈值分割法的基本思路是：选取的两个最佳阈值，使不同类间分离性最好。首先根据缺陷特征图像的直方图得到各灰度值的分布概率，设定两个阈值变量 t_1 和 t_2，将缺陷特征分割成如上所述的三类目标，求出三类目标的类间方差，选取各类间方差最大的 T_1 和 T_2 作为最佳阈值[141]。

5.4.1　算法实现的原理

缺陷特征图像的灰度级 $G = \{0,1,\cdots,255\}$，处在灰度级 i 的所有像素的个数用 f_i 表示，总的像素用 N 表示，则有：

$$N = f_0 + f_1 + \cdots + f_{255} = \sum_{i=0}^{255} f_i \tag{5.8}$$

用 $P_i = f_i/N$ 表示缺陷特征图像中灰度级 i 出现的概率，且 $P_i \geqslant 0$，$\sum_{i=1}^{255} P_i = 1$。将图像的像素按灰度级，用两个阈值 t_1 和 t_2 分为三类：$C_0 = \{0,\cdots,t_1\}$，$C_1 = \{t_1+1,\cdots,t_2\}$，$C_2 = \{t_2+1,\cdots,255\}$。

各类出现的概率分布为：

$$\begin{cases} \omega_0 = P_r(C_0) = \sum_{i=0}^{t_1} P_i = \omega_0(t_1) \\[2mm] \omega_1 = P_r(C_1) = \sum_{i=t_1+1}^{t_2} P_i = \omega_1(t_1 t_2) \\[2mm] \omega_2 = P_r(C_2) = \sum_{i=t_2+1}^{255} P_i = \omega_2(t_2) \end{cases} \tag{5.9}$$

则各类条件概率的灰度均值为：

$$\begin{cases} u_0 = \sum_{i=0}^{t_1} i \times P_r(i \mid C_0) = \sum_{i=0}^{t_1} \dfrac{iP_i}{\omega_0} \\[2mm] u_1 = \sum_{i=t_1+1}^{t_2} i \times P_r(i \mid C_1) = \sum_{i=t_1+1}^{t_2} \dfrac{iP_i}{\omega_1} \\[2mm] u_2 = \sum_{i=t_2+1}^{255} i \times P_r(i \mid C_2) = \sum_{i=t_2+1}^{255} \dfrac{iP_i}{\omega_2} \end{cases} \tag{5.10}$$

各类灰度均值为：

$$\begin{cases} u(0,t_1) = \sum_{i=0}^{t_1} iP_i \\ u(t_1,t_2) = \sum_{i=t_1+1}^{t_2} iP_i \\ u(t_2,255) = \sum_{i=t_2+1}^{255} iP_i \\ u_r = \sum_{i=0}^{255} iP_i \end{cases} \tag{5.11}$$

由以上等式可得到如下等式：

$$\begin{cases} \omega_0 + \omega_1 + \omega_2 = 1 \\ \omega_0 u_0 + \omega_1 u_1 + \omega_2 u_2 = u_r \end{cases} \tag{5.12}$$

类间方差 $\sigma_B^2(t_1,t_2)$ 的表达式为：

$$\begin{aligned} \sigma_B^2(t_1,t_2) &= \sum_{k=0}^{2} \omega_k (u_k - u_r)^2 \\ &= \omega_0(u_0 - u_r)^2 + \omega_1(u_1 - u_r)^2 + \omega_2(u_2 - u_r)^2 \\ &= \omega_0\omega_1(u_0 - u_1)^2 + \omega_1\omega_2(u_1 - u_2)^2 + \omega_2\omega_0(u_2 - u_0)^2 \\ &= \omega_0 u_0^2 + \omega_1 u_1^2 + \omega_2 u_2^2 - u_r^2 \end{aligned} \tag{5.13}$$

最佳阈值 (T_1,T_2) 为：

$$\sigma_B^2(T_1,T_2) = \max_{0<t_1<t_2<255} \{\sigma_B^2(t_1,t_2)\} \tag{5.14}$$

5.4.2　典型缺陷特征图像的分割结果

针对分段线性变换后的典型缺陷特征图像，采用基于最大类间方差的双阈值分割算法的三值化结果如图 5.12 所示。

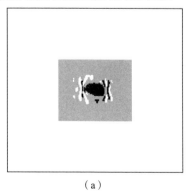

（a）

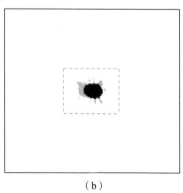

（b）

图 5.12　基于最大类间方差的双阈值分割结果

（a）疝瘤缺陷；（b）线道缺陷

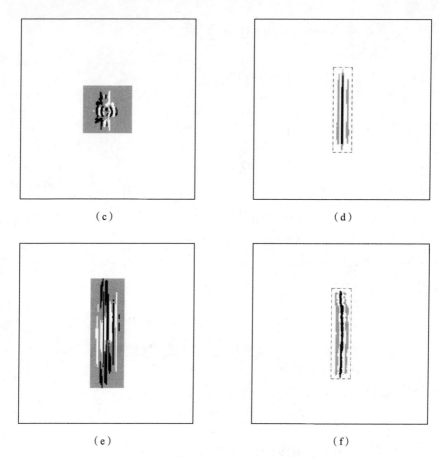

（c）　　　　　　　　　　　　　　（d）

（e）　　　　　　　　　　　　　　（f）

图 5.12　基于最大类间方差的双阈值分割结果（续）
（c）夹杂物缺陷；（d）气泡缺陷；（e）玻筋缺陷；（f）划伤缺陷

从图中可以看出，夹杂物缺陷、疖瘤缺陷和玻筋缺陷得到了相对正确的分割结果，但是气泡缺陷、线道缺陷和划伤缺陷则出现了错误的分割，将缺陷的背景灰度错误地分割成了缺陷外核高灰度值目标。分割结果表明，基于最大类间方差的双阈值方法无法实现多种类型的典型缺陷的准确分割。

5.5　基于灰度区间的动态双阈值分割

典型缺陷特征图像经过分段线性变换后，其主要的背景灰度已经压缩到灰度值为 128 的灰度级上，因此本书采用基于灰度区间的动态阈值分割方法，即将缺陷特征图像的灰度范围划分为 ［0，127］ 和 ［129，255］ 两个灰度区间，分别在两个灰度区间内采用动态单阈值分割算法，实现缺陷特征图像的双阈值分割。

5.5.1 常用的动态阈值分割算法

常用的动态单阈值分割算法包括：迭代阈值法、最大类间方差法、最大熵的阈值分割法和最小交叉熵的阈值分割法[142,143]。

1. 迭代阈值法

迭代阈值法的基本思想是选择一个初始阈值，然后按照某种规则不断地更新这一估计值，直到满足给定的条件为止。

一种最优的迭代阈值法的具体实现步骤如下[144,145]：

（1）假设图像的灰度值分布范围为 $[N_1, N_2]$，初始阈值为 T_0，则

$$T_0 = \frac{N_1 + N_2}{2} \tag{5.15}$$

（2）计算新的阈值。当 $f(x,y) \geq T_0$ 时，该像素点属于区域 R_1，否者属于区域 R_2，再求区域 R_1 和 R_2 内的平均灰度值 μ_1，μ_2，由此确定新的灰度阈值 T_1：

$$T_1 = \frac{(\mu_1 + \mu_2)}{2} \tag{5.16}$$

（3）重复步骤（2），直到第 k 次迭代，满足迭代收敛的条件，即 $T_{k+1} = T_k$。

由于缺陷特征图像为 8 位的灰度图像，量化精度为 0～255 的整数，因此，将迭代收敛条件设定为 $T_{k+1} - T_k < 0.5$，通常经过 4～6 轮迭代即可得到最终的分割阈值。

2. 最大类间方差法

最大类间方差法也称为 OTSU 法[146,147]，其与基于最大类间方差的双阈值分割法的原理类似，不同的是最大类间方差法只需选择一个阈值 t，而将图像分割为两类目标。

假设图像的灰度值分布范围为 $[N_1, N_2]$，则

$$C_1 = \{N_1, N_1 + 1, \cdots, t\}$$
$$C_2 = \{t + 1, t + 2, \cdots, N_2\} \tag{5.17}$$

用 P_i 表示图像中灰度级 i 出现的概率，同理可得：

$$\omega_1(t) = \sum_{i=N_1}^{t} P_i$$
$$\omega_2(t) = 1 - \omega_1(t)$$
$$\mu(t) = \sum_{i=N_1}^{t} iP_i \tag{5.18}$$

则

$$\mu_1(t) = \frac{\mu(t)}{\omega_1(t)}$$

$$\mu_2(t) = \frac{\mu_r - \mu(t)}{1 - \omega_1(t)}$$

$$\mu_r = \sum_{i=N_1}^{N_2} iP_i \tag{5.19}$$

可得类间方差为：

$$\sigma_B^2(t) = \omega_1(t)[\mu_1(t) - \mu_r]^2 + \omega_2(t)[\mu_2(t) - \mu_r]^2 \tag{5.20}$$

则最佳阈值 t^* 可表示为：

$$\sigma_B^2(t^*) = \max_{N_1 \leqslant t < N_2} \sigma_B^2(t) \tag{5.21}$$

3. 最大熵的阈值分割法

最大熵的阈值分割法是由 Kapur 等人提出的，其基本思想是将图像的背景和目标分为两个独立的部分，分别求其目标熵和背景熵，通过使这两类熵之和最大来确定分割阈值[148-150]。

假设图像的灰度值分布范围为 $[N_1, N_2]$，阈值 t 将图像分为两部分——目标部分 a 和背景部分 b，$p(i)$ 为灰度值 i 的概率密度分布函数，$P_a(t)$，$P_b(t)$ 分别为两部分的分布函数，两部分的熵的定义分别为：

$$\begin{cases} H(a) = -\sum_{i=N_1}^{t} \frac{P(i)}{P_a(t)} \ln \frac{P(i)}{P_a(t)} = \ln P_a(t) + \frac{H_a(t)}{P_a(t)} \\ H(b) = -\sum_{i=t+1}^{N_2} \frac{P(i)}{P_b(t)} \ln \frac{P(i)}{P_b(t)} = \ln P_b(t) + \frac{H_b(t)}{P_b(t)} \end{cases} \tag{5.22}$$

式中：

$$P_a(t) = \sum_{i=N_1}^{t} p(i)$$

$$P_b(t) = \sum_{i=t+1}^{N_2} p(i) \tag{5.23}$$

$$\begin{cases} H_a(t) = -\sum_{i=N_1}^{t} p(i) \ln p(i) \\ H_b(t) = -\sum_{i=t+1}^{N_2} p(i) \ln p(i) \\ H(L) = -\sum_{i=N_1}^{N_2} p(i) \ln p(i) \end{cases} \tag{5.24}$$

且满足如下关系：

$$\begin{cases} P_a(t) + P_b(t) = 1 \\ H_a(t) + H_b(t) = H(L) \end{cases} \tag{5.25}$$

则准则函数为：

$$\Psi(t) = H(a) + H(b) \tag{5.26}$$

上式可简化为：

$$\Psi(t) = \ln P(i)[1 - P(i)] + \frac{H_a(t)}{P(i)} + \frac{H(L) - H_a(t)}{[1 - P(i)]} \tag{5.27}$$

则最佳阈值 t^* 满足：

$$t^* = \arg \max_{N_1 < t < N_2} \Psi(t) \tag{5.28}$$

4. 最小交叉熵的阈值分割法

最小交叉熵的阈值分割法是由 Li 和 Lee 提出的[151-153]，其基本思想是：所求得的最佳阈值应使原始图像和分割图像之间的交叉熵最小，其中交叉熵表征了两个概率分布之间信息量差异的大小。

假设图像的灰度值的分布范围为 $[N_1, N_2]$，则图像分割前后像素点灰度值的集合分别为 $F = \{f_{N_1}, f_{N_1+1}, \cdots, f_{N_2}\}$ 和 $G = \{g_{N_1}, g_{N_1+1}, \cdots, g_{N_2}\}$，定义分割前和分割后的交叉熵为：

$$D(G, F) = \sum_{i=N_1}^{N_2} g_i \log \frac{f_i}{g_i} + \sum_{i=N_1}^{N_2} f_i \log \frac{g_i}{f_i} \tag{5.29}$$

经过阈值 t 分割后的图像可分为两类，即 $G = \{\mu_1, \mu_2\}$，μ_1, μ_2 为 G 的子集，且

$$\mu_1(t) = \frac{\sum\limits_{i=N_1}^{t} iP(i)}{\sum\limits_{i=N_1}^{t} P(i)}$$

$$\mu_2(t) = \frac{\sum\limits_{i=t+1}^{N_2} iP(i)}{\sum\limits_{i=t+1}^{N_2} P(i)} \tag{5.30}$$

根据分割前后图像的交叉熵的定义，通过计算目标与背景之间的交叉熵之和为最佳阈值 t^* 的准则条件：

$$\eta(t) = \sum_{i=N_1}^{t} iP(i) \log\left[\frac{i}{\mu_1(t)}\right] + \sum_{i=t+1}^{N_2} iP(i) \log\left[\frac{i}{\mu_2(t)}\right] \tag{5.31}$$

最佳阈值 t^* 满足：

$$t^* = \arg \min_{N_1 < t < N_2} \eta(t) \tag{5.32}$$

5.5.2　动态阈值分割算法的选取

分别在两个灰度区间 $[0, 127]$ 和 $[129, 255]$ 内采用迭代阈值法、最

大类间方差法、最大熵法和最小交叉熵法对线性变换后的典型缺陷特征图像计算分割阈值，得到两个阈值 T_1 和 T_2，其中 $0 < T_1 < 127$，$129 < T_2 < 255$。

1. 典型缺陷特征图像的阈值计算结果

采用如上 4 种阈值分割算法得到的两个灰度区间的阈值和各阈值的平均值（四舍五入）见表 5.1。

表 5.1　灰度区间内典型缺陷特征图像的动态阈值计算结果

缺陷类型	阈值	迭代阈值法	最大类间方差法	最大熵法	最小交叉熵法	平均阈值
夹杂物缺陷	T_1	94	95	105	87	95
	T_2	147	146	153	145	148
气泡缺陷	T_1	93	92	104	89	95
	T_2	135	135	141	135	137
疖瘤缺陷	T_1	120	119	116	121	119
	T_2	138	138	140	138	139
线道缺陷	T_1	107	106	116	107	109
	T_2	133	134	132	134	133
玻筋缺陷	T_1	124	124	122	125	124
	T_2	132	132	133	132	132
划伤缺陷	T_1	97	96	114	95	101
	T_2	130	130	130	130	130

通过与平均阈值的对比，最大熵法和最小交叉熵法计算出的阈值有些偏差较大，如夹杂物和气泡缺陷的阈值 T_1；而有些偏差较小，如线道缺陷和玻筋缺陷的 T_2。正、负偏差较大的最大值和最小值也均由这两种算法产生。结果表明，最大熵法和最小交叉熵法得到的阈值的一致性较差。而迭代阈值法和最大类间方差法计算出的阈值具有较好的一致性，并且两者之间的最大偏差只有 2 个灰度级。

2. 典型缺陷特征图像的阈值计算的执行时间

在计算机 CPU 主频为 2.2 GHz，内存为 2G 的计算机上，采用 MATLAB 为开发平台，对于典型缺陷特征图像，各算法的平均执行时间见表 5.2。可以看出，迭代阈值法的执行时间最短，效率最高；最小交叉熵法的执行时间最长，效率最低。

表5.2　各阈值分割算法的平均执行时间

单位：s

算法	迭代阈值法	最大类间方差法	最大熵法	最小交叉熵法
平均执行时间	0.003 5	0.009 3	0.029 3	0.048

因此，综合考虑分割阈值的一致性和分割算法的执行时间，本书采用迭代阈值法计算典型缺陷特征图像的阈值。

5.5.3　迭代阈值法的分割结果

在两个灰度区间 $[0, 127]$ 和 $[129, 255]$ 内，分别利用迭代阈值法对典型缺陷特征图像计算分割阈值 T_1 和 T_2，则阈值 T_1 和 T_2 的分割结果如图 5.13 和图 5.14 所示。

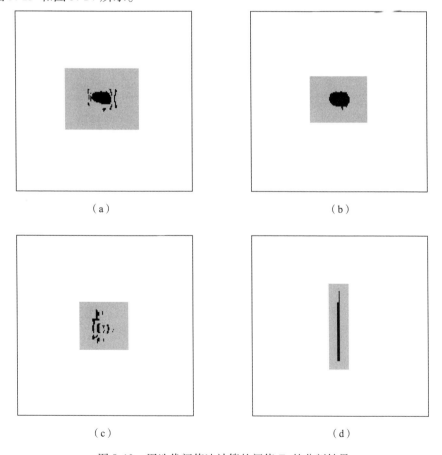

（a）

（b）

（c）

（d）

图5.13　用迭代阈值法计算的阈值 T_1 的分割结果

（a）夹杂物缺陷；（b）气泡缺陷；（c）线道缺陷；（c）疖瘤缺陷

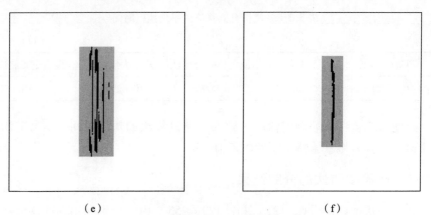

（e）　　　　　　　　　　　　　（f）

图 5.13　用迭代阈值法计算的阈值 T_1 的分割结果（续）

（e）玻筋缺陷；（f）划伤缺陷

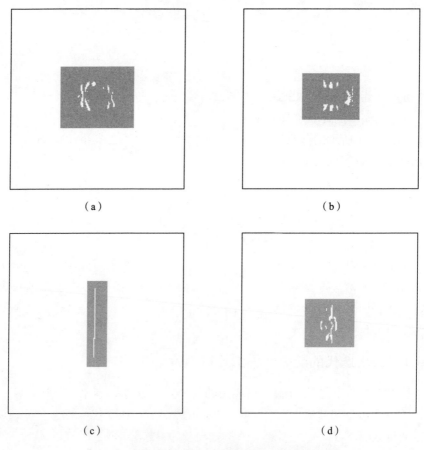

（a）　　　　　　　　　　　　　（b）

（c）　　　　　　　　　　　　　（d）

图 5.14　用迭代阈值法计算的阈值 T_2 的分割结果

（a）夹杂物缺陷；（b）气泡缺陷；（c）线道缺陷；（d）疖瘤缺陷

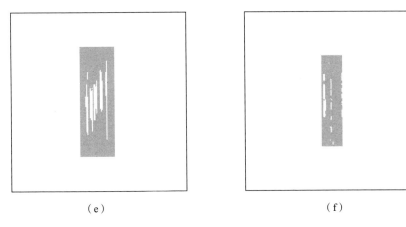

（e）　　　　　　　　　　　　　　　（f）

图 5.14　用迭代阈值法计算的阈值 T_2 的分割结果（续）

（e）玻筋缺陷；（f）划伤缺陷

从图 5.13 所示的分割结果可以看出，用迭代阈值法求得的阈值 T_1 偏大，并没有将夹杂物缺陷和气泡缺陷的缺陷内核与外核的低灰度值区域有效地分割出来。原因是：虽然分段线性变换后的缺陷特征图像中，大部分系统噪声被抑制到背景灰度 128 上，但仍然有部分噪声没有被抑制掉，并且这些噪声参与了阈值的计算，导致阈值 T_1 的计算误差。

从图 5.14 所示的分割结果可以看出，用迭代阈值法求得的阈值 T_2 偏小，这与阈值 T_1 计算偏大的原因相同，也是因为系统噪声参与了阈值的计算，导致阈值 T_2 的计算误差。

5.6　二次迭代的双阈值分割

在灰度区间 $[0, 127]$ 和 $[129, 255]$ 内，用迭代阈值法计算出的阈值为 T_1 和 T_2，将灰度值分布在 $[0, T_1]$ 的像素分割成 0，将灰度值分布在 $[T_2, 255]$ 的像素分割成 255，而灰度值在 $[T_1 + 1, T_2]$ 的像素被分割成背景灰度值 128。

5.6.1　二次迭代的动态阈值的计算

针对系统噪声导致的迭代阈值法的阈值计算误差，本书提出了基于二次迭代的双阈值分割算法[154]。该算法的主要思想为：在迭代阈值法所分割成的背景灰度区域 $[T_1 + 1, 127]$ 和 $[129, T_2]$ 内，分别求出背景区域内的平均值作为修正的灰度区间的上限值 T_l 和下限值 T_t，在修正的灰度区间 $[0, T_l]$ 和 $[T_t, 255]$ 内，再次利用迭代阈值法，得到修正的分割阈值，用于实现典型缺陷特征图像的分割。

　　根据缺陷特征图像的灰度直方图，计算修正的灰度区间的上限值 T_l 和下限值 T_t 的方法为：

$$T_l = \frac{\sum\limits_{i=T_1+1}^{127} if_i}{\sum\limits_{i=T_1+1}^{127} f_i}$$

$$T_t = \frac{\sum\limits_{i=129}^{T_2} if_i}{\sum\limits_{i=129}^{T_2} f_i} \tag{5.33}$$

　　根据式（5.33）得到的修正的灰度区间 $[0, T_l]$ 和 $[T_t, 255]$，分别在两个修正的灰度区间内采用迭代阈值法，求出的典型缺陷特征图像的两个修正的分割阈值 T_{1x} 和 T_{2x}，见表 5.3。

表 5.3　典型缺陷特征图像的修正的阈值

修正的阈值	夹杂物缺陷	气泡缺陷	疖瘤缺陷	线道缺陷	玻筋缺陷	划伤缺陷
T_{1x}	86	87	109	104	122	90
T_{2x}	154	141	142	135	134	131

5.6.2　二次迭代的阈值分割结果

　　根据 T_{1x} 和 T_{2x}，得到的典型缺陷特征图像的分割结果如图 5.15 和 5.16 所示。

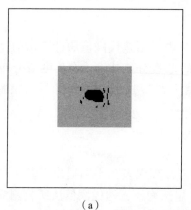
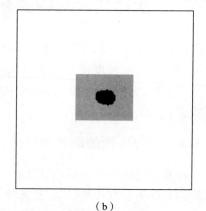

（a）　　　　　　　　　　　　　　（b）

图 5.15　修正的阈值 T_{1x} 的分割结果

（a）夹杂物缺陷；（b）气泡缺陷

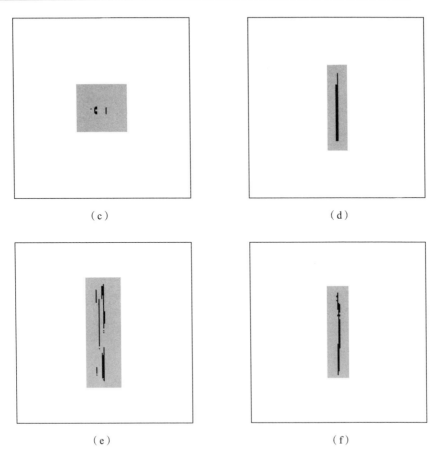

图 5.15 修正的阈值 T_{1x} 的分割结果（续）

（d）线道缺陷；（c）疖瘤缺陷；（e）玻筋缺陷；（f）划伤缺陷

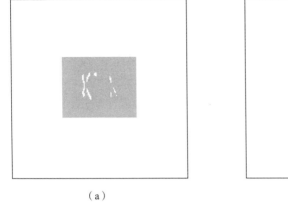

图 5.16 修正的阈值 T_{2x} 的分割结果

（a）夹杂物缺陷；（b）气泡缺陷

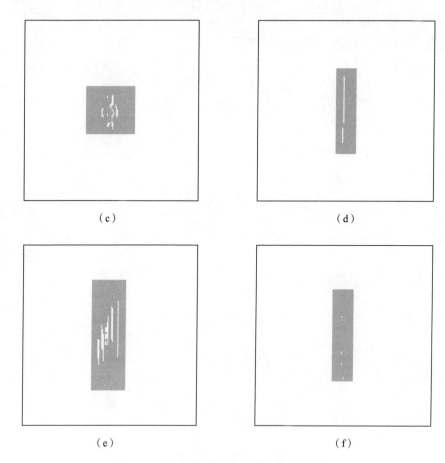

（c）　　　　　　　　　　　　　　（d）

（e）　　　　　　　　　　　　　　（f）

图 5.16　修正的阈值 T_{2x} 的分割结果（续）

（c）疖瘤缺陷；（d）线道缺陷；（e）玻筋缺陷（f）划伤缺陷

从图 5.15 中可以看出，夹杂物缺陷、气泡缺陷的缺陷内核与缺陷外核低灰度值区域有效地分离出来。结果表明，采用二次迭代的双阈值分割方法，典型缺陷的特征仍然得到了有效的保留，这说明该方法对不同类型的缺陷特征图像的分割是有效的。

从图 5.16 中可以看出，夹杂物缺陷、气泡缺陷的缺陷外核的高灰度值部分有所减少，尤其对于划伤缺陷，只剩下几个孤立的噪声点。分割的结果进一步说明了采用二次迭代的双阈值分割方法，对不同类型的缺陷特征图像的分割是有效的。

5.6.3　三值化图像的合成

将修正的阈值 T_{1x} 和 T_{2x} 分割所得到的二值化结果分别表示为 $f_1(x,y)$ 和

$f_2(x,y)$，对于同一个坐标 (x,y)，当灰度值 $f_1(x,y)$ 为 0 时，灰度值 $f_2(x,y)$ 则只能是 128；同样，当灰度值 $f_2(x,y)$ 为 255 时，灰度值 $f_1(x,y)$ 只能是 128。因此，缺陷的三值化图像 $f(x,y)$ 的合成方法为：

$$f(x,y) = \begin{cases} 0 & f_1(x,y) = 0 \\ 255 & f_2(x,y) = 255 \\ 128 & 其他 \end{cases} \tag{5.34}$$

根据式（5.34）的方法，合成的典型缺陷的三值化图像如图 5.17 所示。

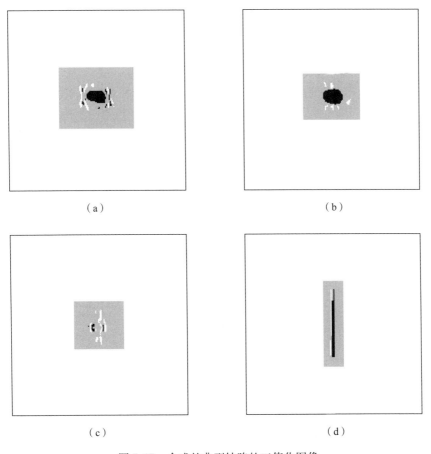

（a）

（b）

（c）

（d）

图 5.17　合成的典型缺陷的三值化图像

（a）夹杂物缺陷；（b）气泡缺陷；（c）疖瘤缺陷；（d）线道缺陷

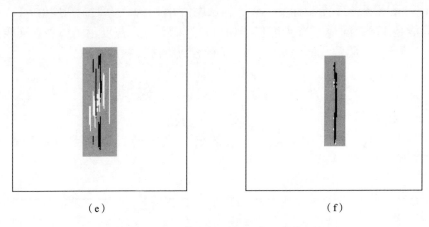

（e）   （f）

图 5.17   合成的典型缺陷的三值化图像（续）

（e）玻筋缺陷；（f）划伤缺陷

综上所述，缺陷特征图像的三值化分割的实现过程如图 5.18 所示。

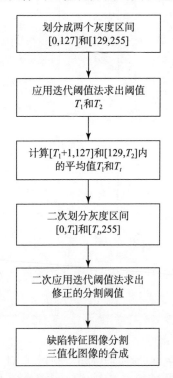

图 5.18   缺陷特征图像的三值化分割的实现过程

第六章 缺陷表征参数的
处理与性能测试

前面章节通过对缺陷相位真值差图像的分割，确定了缺陷的范围，对缺陷范围内提取的缺陷特征图像，采用基于灰度区间的二次迭代阈值分割方法，将典型缺陷特征图像分割成三值化图像。本章根据三值化的缺陷特征图像，实现玻璃缺陷类型的识别，并进行缺陷检测的精度、最小缺陷检出能力和实时性的测试。

6.1 缺陷类型的判定与识别方法

由于生产条件和生产状况不同，在玻璃生产过程中会随机产生不同类型的缺陷。缺陷类型的准确判断对生产和工艺的调整和改进具有重要的指导作用，而衡量玻璃产品是否合格的标准是在一定区域内包含的缺陷数量以及缺陷大小。因此要全面地表征玻璃产品中的一个缺陷，只有计算出这个缺陷的类型、大小和位置，才能为指导生产和判断玻璃产品的等级提供依据。

对于玻璃生产过程中产生的缺陷，要准确地判定出缺陷的类型，需提取出与缺陷大小无关的缺陷特征参数，即在缺陷特征图像中选择一组标志性的属性，使一种缺陷类型有效地区别于其他的缺陷类型。

6.1.1 基于三值化图像的缺陷特征选取

缺陷特征选取的准确与否直接影响着判定结果的正确性和分类算法运算量的大小。本书通过缺陷特征图像的三值化处理极大地压缩了缺陷的信息量，而且使缺陷具有更好的可分性。因此，在缺陷的三值化特征图像中，准确地提取出表示缺陷特征的几何特征和统计特征是缺陷类型判定的基础。

本书选择了区分性较好的四个特征参数，包括：细长度、面积比、阈值差和连通数。

1）细长度

细长度是缺陷外切矩形的长宽比，是包围缺陷（内核和外核）的最小面积的矩形。一般情况下，缺陷的外切矩形可通过离散步幅的旋转来实现包围缺陷的面积达到最小来确定，如图 6.1 所示。

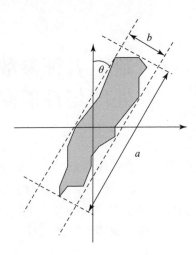

图 6.1　缺陷外切矩形旋转的示意

设旋转角度为 θ，定义 $\alpha(x,y)$ 和 $\beta(x,y)$：

$$\begin{cases} \alpha(x,y) = x\cos\theta + y\sin\theta \\ \beta(x,y) = x\sin\theta + y\cos\theta \end{cases} \tag{6.1}$$

在边界点上搜索 α 和 β 的最小值和最大值 α_{min}、α_{max}、β_{min} 和 β_{max}，所求得的最小外切矩形的长和宽为 $len = \alpha_{max} - \alpha_{min}$ 和 $width = \beta_{max} - \beta_{min}$，则缺陷的细长度 $= \dfrac{len}{w}idth$。

从缺陷的三值化特征图像可以看出，缺陷外切矩形比缺陷范围（即相位真值差图分割所确定的外切矩形）小。图 6.2 所示为典型缺陷的外切矩形，图中的矩形就是缺陷的最小外切矩形。

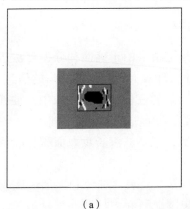

（a）

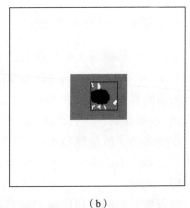

（b）

图 6.2　典型缺陷的最小外切矩形

（a）夹杂物缺陷；（b）气泡缺陷

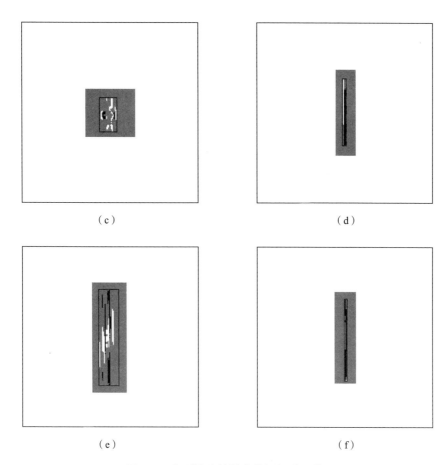

（c）　　　　　　　　　　　　（d）

（e）　　　　　　　　　　　　（f）

图6.2　典型缺陷的最小外切矩形（续）

（c）疖瘤缺陷；（d）线道缺陷；（e）玻筋缺陷；（f）划伤缺陷

　　根据细长度可将缺陷分为点状缺陷和线状缺陷，夹杂物缺陷、气泡缺陷和疖瘤缺陷为点状缺陷，细长度较小；而线道缺陷、玻筋缺陷和划伤缺陷为线状缺陷，其细长度较大。线状缺陷形成的原因决定了其缺陷方向与玻璃的行进方向相同，因此缺陷的外切矩形的旋转角度 $\theta \approx 0°$，即细长度的计算可简化为缺陷外切矩形的长宽比。

　　2）面积比

　　在缺陷的三值化图像中，面积比为缺陷外切矩形内的灰度值为 0 的像素个数与灰度值为 255 的像素个数之比。

　　根据面积比，可划分出疖瘤缺陷和划伤缺陷，其中疖瘤缺陷的面积比最小，而划伤缺陷的面积比最大。

　　3）阈值差

　　阈值差 T 定义为修正的阈值 T_{2x} 与 T_{1x} 的差，即

$$T = T_{2x} - T_{1x} \tag{6.2}$$

阈值差值越大，说明缺陷图像的对比度越高。由于玻筋缺陷的对比度最低，因此根据阈值差即可划分出玻筋缺陷。

4）连通数

在缺陷的三值化特征图像中，连通数定义为灰度值为 0 的连通分量的个数。

根据连通数，可将典型缺陷划分成连通数较少的气泡缺陷、疖瘤缺陷、线道和划伤缺陷，以及连通数较多的夹杂物缺陷和玻筋缺陷。

6.1.2 基于决策树的缺陷类型判断

决策树分类方法是使用最为广泛的方法之一。相比于神经网络或贝叶斯分类等其他分类方法，决策树分类方法具有如下两个方面的优势：①分类原理简单易懂，容易被使用人员理解和接受；②速度快，计算量小。

1. 决策树分类方法

决策树是模式识别中进行分类的一种树型结构。决策树中每个内部节点代表着某个特征参数的一次测试，一条边代表一个测试结果，即特征参数值，不同的特征参数构成不同的分支，叶子代表某个类或者类的分布，即决策结果。决策树的分类是利用样本的特征参数，由根节点出发，向下搜索直至叶节点，找到决策结果。

二叉决策树是决策树的一种简单形式，是指除叶节点外，树中的每个节点仅分为两个分支，每个节点都有且只有两个子节点。二叉决策树可以把一个复杂的多类问题化为多级多个两类问题来解决。树中的每个节点，都把样本的特征参数值分为左右两个子集，其中每个子集可能包含多个类别的特征参数值，再根据特征参数值把每个子集进一步分成两个子集，直至每个子集中只包含同一类别的样本。

因此，设计一个玻璃缺陷类型判定的二叉决策树，应主要解决如下两个问题。

1）确定在每个内部节点上要使用的特征参数

对二叉决策树的每个内部节点，应根据待分类的缺陷选择可分性最好的参数作为该节点要使用的特征参数，将待分类缺陷尽可能划分成个数相等的两类，以保证建立的二叉决策树的深度尽量小，从而提高分类效率。

2）在每个内部节点上选择合适的决策规则

二叉决策树的决策规则是通过对已知缺陷类型求得缺陷的特征参数，并对各种特征参数进行统计，以分析不同缺陷类型的特征参数之间的差异，确定出能够区分不同类型缺陷的特征参数的阈值。

2. 典型缺陷的二叉决策树

典型的玻璃缺陷可分为6种类型，即夹杂物缺陷、气泡缺陷、疖瘤缺陷、线道缺陷、玻筋缺陷和划伤缺陷。由于玻璃缺陷的类型较少，二叉决策树的深度对缺陷的分类效率影响较小，因此本书采用可分性优先原则，把不同的特征参数结合起来，作为区别不同类型的依据，建立图6.3所示的玻璃缺陷类型的二叉决策树。

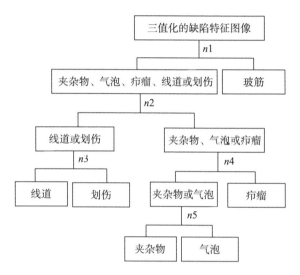

图 6.3　玻璃缺陷类型的二叉决策树

根据选择的四个缺陷特征参数，即从6种典型缺陷三值化特征图像中得到的细长度、面积比、阈值差和连通数，设定特征参数的判断阈值，可得图6.3中的二叉决策树的决策规则，见表6.1。

表 6.1　典型缺陷分类的二叉决策树的决策规则

节点	特征参数	决策规则	分类结果
$n1$	阈值差	阈值差≤20	玻筋
		阈值差 >20	夹杂物、气泡、疖瘤、线道或划伤
$n2$	细长度	细长度≤3	夹杂物、气泡或疖瘤
		细长度 >3	线道或划伤
$n3$	面积比	面积比≤5	线道
		面积比 >5	划伤
$n4$	面积比	面积比≤0.5	疖瘤
		面积比 >0.5	夹杂物或气泡
$n5$	连通数	连通数≤3	气泡
		连通数 >3	夹杂

根据如上判定准则，二叉决策树的缺陷类型判定方法对于特征参数差异相对较大的典型缺陷，具有很高的识别准确率。而实际生产过程中产生的同一种类型的玻璃缺陷，又可划分为多种细分类型，如气泡可分为开口泡和闭口泡，其外形就有圆形、椭圆形、线状和点状，因此，仅采用如上的四个缺陷特征参数和二叉决策树的判定方法难以保证缺陷类型的准确识别。

6.1.3 基于不变矩的特征提取

不变矩特征可以很好地表示目标整体形状，不随目标位置和大小的变化而变化，即使目标经旋转和缩放等变换，依然能够对目标形状有很好的表述。

缺陷特征图像 $f(x,y)$ 的 $(p+q)$ 阶中心矩和几何矩的计算公式分别如式（6.3）和式（6.4）所示：

$$u_{pq} = \sum_{x=1}^{M} \sum_{y=1}^{N} (x - x_0)^p (y - y_0)^q f(x,y) \tag{6.3}$$

$$m_{pq} = \sum_{x=1}^{M} \sum_{y=1}^{N} x^p y^q f(x,y) \tag{6.4}$$

式中，$p,q = 0,1,2,\cdots;x_0,y_0$ 表示重心；$x_0 = m_{10}/m_{00}$，$y_0 = m_{01}/m_{00}$；中心矩的归一化见式（6.5）。

$$y_{pq} = \frac{u_{pq}}{u_{00}^\gamma} \tag{6.5}$$

式中，$\gamma = \dfrac{p+q+2}{2}$，$p+q = 2,3,\cdots$。

经归一化后的中心矩具有平移和缩放不变性，Hu 利用二阶和三阶中心矩构造了七个不变矩，它们在连续图像条件下可保持平移、缩放和旋转不变，具体定义如式（6.6）~式（6.12）：

$$I_1 = y_{20} + y_{02} \tag{6.6}$$

$$I_2 = (y_{20} + y_{02})^2 + 4y_{11}^2 \tag{6.7}$$

$$I_3 = (y_{30} + 3y_{12})^2 + (3y_{21} - 3y_{03})^2 \tag{6.8}$$

$$I_4 = (y_{30} + y_{12})^2 + (y_{21} + 3y_{03})^2 \tag{6.9}$$

$$I_5 = (y_{30} - y_{12})(y_{30} + y_{12})[(y_{30} + y_{12})^2 - 3(y_{21} + 3y_{03})^2] + (3y_{21} - y_{03})(y_{21} + y_{30})[3(y_{30} + y_{12})^2 - (y_{21} + y_{03})^2] \tag{6.10}$$

$$I_6 = (y_{20} - y_{02})[(y_{30} + y_{12})^2 - (y_{21} + y_{03})^2] + 4y_{11}(y_{30} + y_{12})(y_{21} + y_{03}) \tag{6.11}$$

$$I_7 = 3(y_{21} + y_{03})(y_{30} + y_{12})[(y_{30} + y_{12})^2 - 3(y_{21} + y_{03})^2] + (y_{30} - 3y_{12})(y_{30} + y_{21})[3(y_{30} + y_{12})^2 - (y_{21} + y_{03})^2] \tag{6.12}$$

6.1.4　基于神经网络的缺陷类型识别

相比于二叉决策树的缺陷类型判定方法，神经网络的收敛速度慢。因此，国内外的相关研究人员对如何加快神经网络的收敛过程展开了一系列的研究工作。如采用加入动量项和变学习速率的启发式方法，这两种方法在一定程度上能够加快收敛，但加入动量项法中的动量因子需要依靠经验来选择[155]。变学习速率法容易受到参数改变的影响，在一些情况下难以收敛[156]。此外，基于标准数值优化技术的方法也被用于加快收敛速度，如拟牛顿法和共轭梯度法。拟牛顿法需要存储和计算 Hesse 矩阵并求逆，当所要训练的网络包含大量参数时，采用拟牛顿法会需要很大的存储空间，并产生很大的计算量[157]。与拟牛顿法相比，共轭梯度法不需矩阵存储，而且计算方便[158]。

共轭梯度法有很强的局部搜索能力，但全局搜索能力很弱，只能求出局部最优解。遗传算法是一种模仿生物进化论和自然界遗传机制的搜索最优化算法，通过不断的进化和发展，采用选择、交叉和变异操作对个体进行筛选，使个体逐渐收敛于最优解。本书采用遗传算法的全局优化能力优化共轭梯度神经网络参数，以提高玻璃缺陷的识别率，弥补共轭梯度算法的不足。

针对缺陷特征图像和三值化的缺陷特征图像，将 6.1.1 节提取的 4 个特征和 6.1.3 节计算的 7 个特征作为共轭梯度神经网络的输入参数，用于识别玻璃缺陷的类型，通过遗传算法优化共轭梯度神经网络的初始权值和阈值，并在共轭梯度搜索方向取得一个全局最优解。

1. 共轭梯度算法的流程

对于玻璃缺陷类型的识别，设计的共轭梯度神经网络沿着共轭梯度算法所计算的共轭方向 d 来搜索最优解，而这些搜索方向 d 是迭代点处的负梯度方向和上一次迭代的搜索方向的组合，这提高了算法的有效性和可靠性。每进行一次迭代，网络的权值就得到一次调整，直到网络总误差 E 达到所设定的期望误差 ε，网络结束训练时的网络权值即最优解。

设 g_k 为梯度矢量，梯度 g_k 被定义为对函数 $f(x)$ 的微分：

$$g_k = \frac{\partial f(x)}{\partial x} \tag{6.13}$$

式中，$f(x) = \dfrac{1}{1 + e^{-x}}$ 是 Sigmoid 激励函数。

梯度矢量在第 $k+1$ 次迭代的共轭方向 d^{k+1} 是由所在点 x^{k+1} 处的负梯度矢量（$-g_{k+1}$）与前一次迭代的搜索方向的加权量 $\beta_k d^k$ 所构成的，即 $d^{k+1} = -g_{k+1} + \beta_k d^k$。其中 β_k 为误差因子，也被称作共轭系数，其计算公式为：

$$\beta_k = \frac{(g_{k+1} - g_k)^{\mathrm{T}} g_{k+1}}{g_k^{\mathrm{T}} g_k} \tag{6.14}$$

每一个搜索方向 $d^0, d^1, \cdots, d^{k-1}$ 是互相共轭的。每迭代一次，子空间的位数就加 1，学习速率 α 每次迭代时沿搜索方向 d^k 发生变化。设定最大迭代次数为 n，当实际迭代次数 k 等于 n 时，如果网络总误差 E 未能达到所设定的误差精度 ε，则令 $x^0 = x^{k+1}$，$k = 0$，再次进行迭代，直到所得结果达到所设定的误差精度 ε。与基本 BP 算法相比，共轭梯度算法加快了收敛速度，明显提高了训练效率[159,160]。

图 6.4 所示为共轭梯度算法的流程，其中，x^0 为初始权值，d^0 为初始搜索方向，其计算公式为：

$$d^0 = -g_0 = -\frac{\partial f(x)}{\partial x}\mid x^0 \qquad (6.15)$$

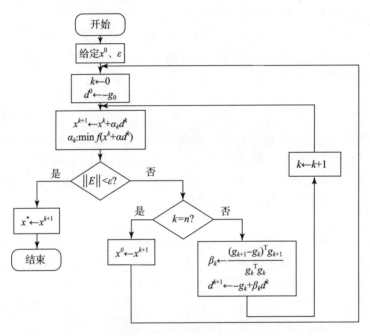

图 6.4 共轭梯度算法的流程

2. 共轭梯度神经网络的参数设计[161]

共轭梯度神经网络的结构参数包括网络层数、每层神经元的个数、期望误差、初始权值等，见表 6.2。

表 6.2 共轭梯度神经网络参数设置

网络结构	设置的参数
网络层数	3
隐含层层数	1

续表

网络结构	设置的参数
期望误差	0.1
学习速率	0.111
初始权值	[-1, 1]
输入层节点数	11
输出层节点书	3
输出向量	玻筋 [0 0 0],疖瘤 [0 0 1],气泡 [0 1 0],划伤 [0 1 1],夹杂物 [1 0 0],线道 [1 0 1]
隐含层神经元数	8

（1）网络层数：除了输入层和输出层外，隐含层的层数越多，错误率越低，但这使得网络的计算量增大。然而与增加层数的方法相比，增加隐含层的神经元个数既可以提高识别率，还可以降低计算复杂度。因此，设计的神经网络层数采用三层结构。

（2）神经元个数：经过 Hu 不变矩提取的 7 个特征量，加上从三值化缺陷图像中提取出的 4 个特征值，共 11 个特征量。因此，输入层的节点数设置为 11。输出层节点由待识别的缺陷类型的个数决定，最优输出神经元数目为 $\lfloor \log_2 6 \rfloor$，因此输出层节点数设置为 3。对于隐含层神经元个数的选取，可通过对不同神经元数进行训练，比较训练结果。

一般情况下可参考计算隐含层神经元数目的公式 $n_H = \sqrt{n_I + n_O} + l$，其中 n_I 为输入层神经元数目，n_H 为隐含层神经元数目，n_O 为输出层神经元数目，l 为 1～10 的整数。包含 5～14 个隐含层神经元网络的仿真结果见表 6.3。

表 6.3 隐含层神经元个数不同的神经网络训练结果

隐含层个数	5	6	7	8	9	10	11	12	13	14
学习速率	0.167	0.143	0.125	0.111	0.100	0.091	0.083	0.077	0.071	0.067
训练次数	2 149	1 937	1 896	1 397	1 752	1 987	2 014	2 397	2 458	2 896

在隐含层神经元从 5 个增加到 8 个的过程中，网络的平均训练次数在减少，而在从由 8 个增加到 14 个的过程中，平均训练次数反而增多。因此网络隐含层神经元个数设置为 8。

（3）期望误差：根据网络模型的收敛速度和缺陷样本的识别准确率，期望误差设为 0.1。

（4）初始权值：网络初始权值的选取关系到训练时间的长短，为使经过初始加权后的每个神经元的输入值都接近 0, 设置初始值为 (-1, 1) 区间中的随机数。

(5) 学习速率: 学习速率决定每次循环训练中所产生的权值变化量, 其取值范围为 0.01 ~ 0.9, 根据表 6.3, 学习速率设置为 0.111。

3. 共轭梯度神经网络的优化

共轭梯度算法有很强的局部搜索能力, 其方向矢量的共轭性过度依赖目标函数值和迭代过程中已知点的梯度函数, 因此该算法只能得到问题的局部最优解。为了弥补共轭梯度算法的不足, 采用遗传算法来优化共轭梯度神经网络, 算法的流程如图 6.5 所示。

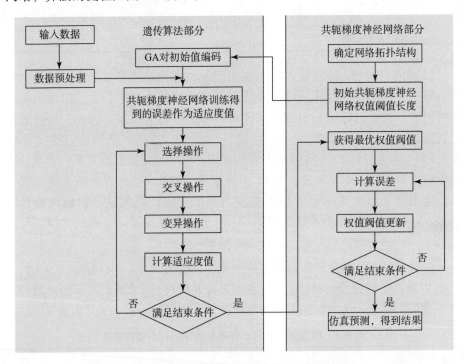

图 6.5　遗传算法优化共轭梯度神经网络的流程

利用遗传算法优化共轭梯度神经网络可分为共轭梯度神经网络结构的确定、遗传算法优化和共轭梯度神经网络预测三个部分。针对典型缺陷类型的识别, 设定输入层有 11 个节点, 隐含层有 8 个节点, 输出层有 3 个节点, 共有 $11 \times 8 + 8 \times 3 = 112$ 个权值, $8 + 3 = 11$ 个阈值, 因此, 遗传算法个体编码长度为 $112 + 11 = 123$。

在 CPU 主频为 2.2 GHz, 内存为 3 G, MATLAB R2014a 的仿真平台上, 训练样本和测试样本的数量分别为 1 440 和 540, 典型缺陷类型为划伤、夹杂物、气泡、疖瘤、玻筋和线道六类, 每个缺陷类型在训练样本和测试样本中的数量分别为 240 和 90。遗传算法参数设置为：种群规模为 10，进化次数为 50，交叉概率为 0.4，变异概率为 0.2。

遗传算法优化过程中最优个体适应度值的变化过程如图 6.6 所示，优化过程耗时 715.56 s。表 6.4 给出了在遗传算法优化后的共轭梯度网络中，随着迭代次数的增加，训练样本和测试样本识别正确率的变化情况以及所用时间。

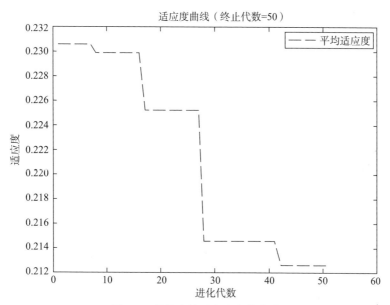

图 6.6　最优个体适应度变化曲线

表 6.4　迭代次数对识别结果的影响

迭代次数	0	300	600	900	1 200	1 500
训练样本识别的正确率/%	7.2	38.5	67.7	82.3	89.2	98.2
测试样本识别的正确率/%	8.1	36.8	62.3	80.1	84.3	95.5
训练时间/s	0	0.42	0.84	1.23	1.67	2.22
测试时间/s	0	0.005 9	0.006 4	0.004 9	0.004 7	0.005 6

在迭代次数不足时，网络学习尚不充分，训练得到的模型也不理想，分类效果较差。随着迭代次数的增加，网络参数不断得到优化，分类识别的正确率会随之上升，但随着迭代次数的增加，分类正确率的上升幅度逐渐减小。当训练次数足够多时，网络参数就不会有大的变化，这表明网络已呈收敛状态，分类性能达到最优。

4. 典型缺陷经过共轭梯度神经网络的识别结果

表 6.5 给出了典型缺陷经过由遗传算法优化的共轭梯度神经网络输出的识别结果。

表6.5 典型缺陷经过神经网络的输出结果

缺陷	实际输出			标准输出	缺陷类型
夹杂物	1.001 7	0.029 4	0.054 1	[1 0 0]	夹杂
	0.999 3	0.004 5	0.026 5		夹杂
	0.045 9	0.010 7	0.952 6		疖瘤
	1.032 4	0.020 4	0.002 6		夹杂
疖瘤	0.001 9	0.037 8	1.002 1	[0 0 1]	疖瘤
	0.982 4	0.026 7	0.015 0		夹杂
	0.016 7	0.019 9	1.013 6		疖瘤
	0.037 4	0.095 9	1.014 4		疖瘤
气泡	0.002 3	1.015 5	0.039 4	[0 1 0]	气泡
	0.029 4	0.986 0	0.007 2		气泡
	0.041 2	1.041 4	0.069 8		气泡
	1.046 1	0.043 9	0.023 1		夹杂
划伤	0.002 0	0.963 6	0.996 5	[0 1 1]	划伤
	0.019 4	0.994 5	0.988 9		划伤
	0.045 9	0.952 6	1.010 7		划伤
	0.005 2	0.004 5	0.007 5		玻筋
玻筋	0.003 2	0.002 6	0.055 7	[0 0 0]	玻筋
	0.007 1	0.006 8	0.075 3		玻筋
	0.031 2	0.072 3	0.002 4		玻筋
	0.006 6	0.977 8	0.995 3		划伤
线道	0.872 3	0.042 6	1.024 1	[1 0 1]	线道
	1.027 8	0.002 1	1.038 4		线道
	0.968 1	0.027 6	1.032 4		线道
	0.068 4	1.032 8	0.974 3		划伤

　　表6.6给出了测试样本在由遗传算法优化后的共轭梯度神经网络中的识别正确率结果。

表6.6 典型缺陷经共轭梯度神经网络的识别结果

	测试样本类型（数量）					
	夹杂物（90）	疖瘤（90）	气泡（90）	划伤（90）	玻筋（90）	线道（90）
夹杂物	87	3	4	0	0	0
疖瘤	1	84	0	0	0	0
气泡	2	3	86	0	0	0
划伤	0	0	0	87	2	3
玻筋	0	0	0	1	86	2
线道	0	0	0	2	2	85
识别正确率	96.7%	93.3%	96.6%	96.6%	95.5%	94.4%

　　从表中可以看出，采用共轭梯度的神经网络对典型玻璃缺陷的识别正确率都大于93％，结果表明，该方法对典型玻璃缺陷类型识别是有效的。

6.2　缺陷大小和位置的计算方法

　　在实际应用中，针对不同类型的缺陷需要采用不同的缺陷大小和位置的计算方法，具体实现方法为：夹杂物缺陷、气泡缺陷和划伤缺陷的大小的计算方法为采用缺陷内核的最大尺寸来表示缺陷的大小，其缺陷位置为缺陷内核的中心坐标。而疖瘤缺陷、线道缺陷和玻筋缺陷的大小为缺陷外核的大小，即采用缺陷外核范围内的最大尺寸作为缺陷的大小，位置为缺陷外核的中心坐标。因此缺陷大小和位置的计算与缺陷的类型相关，需针对不同的缺陷类型采用不同的缺陷大小和位置的计算方法。

6.2.1　含有缺陷内核的缺陷大小和位置的计算

　　典型缺陷中，含有缺陷内核的缺陷包括夹杂物的缺陷、气泡缺陷和划伤缺陷。在其三值化的缺陷特征图像中，缺陷内核的灰度值为0。但夹杂物缺陷和气泡缺陷的低灰度值的缺陷外核也为0，因此在计算缺陷内核大小时需要准确提取出缺陷内核区域。从三值化图像中可以看出，低灰度值的缺陷外核的连通分量较多，相对于缺陷内核区域，其面积较小，可通过标记幅值为0的连通区域，提取出最大的连通区域，即缺陷内核区域，计算该最大连通区域的中心坐标作为该缺陷的位置，取该最大连通区域边界上的两个坐标，将两坐标之间距离的最大值作为缺陷的大小。

　　1. 缺陷内核区域的提取

　　缺陷内核区域的提取，即提取缺陷特征的三值化图像中的灰度值为0的最大连通分量。提取连通分量的过程实际上就是标注连通分量的过程，是给图像中的每个连通区域分配一个唯一代表该区域的编号，该连通区域内的所有像素就赋值为该区域的编号，处理后的图像称为标注图像。同样，也可以采用二值数学形态学的膨胀操作来实现。

　　通过扫描标注图像，对像素值为同一编号的像素进行计数，计数的最大值即为最大连通区域。图6.7所示为提取的夹杂物缺陷、气泡缺陷和划伤缺陷的最大连通分量。

　　2. 缺陷内核大小和位置的计算结果

　　缺陷内核大小的计算是找到所有的最大连通区域的边界点，计算边界点上两个坐标之间的最大值，因此首先需要找到最大连通区域的边界。本书采用3×3的结构元素对提取的最大连通区域进行腐蚀，再用原最大连通分量减

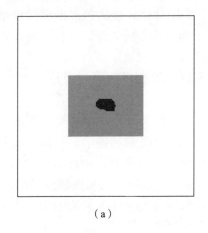

（a）

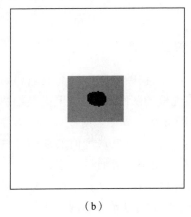

（b）

（c）

图 6.7　典型缺陷的缺陷内核

（a）夹杂物缺陷；（b）气泡缺陷；（c）划伤缺陷

去腐蚀后的最大连通分量，即可得到该最大连通区域的边界上的像素。图 6.8 所示为夹杂物缺陷和划伤缺陷内核的边界。

　　分别找到边界上的列坐标的最小值和最大值 x_{min} 和 x_{max} ，和与之相对应的行坐标 y_1 和 y_2 ，以及行坐标的最小值和最大值 y_{min} 和 y_{max} ，和与之相对应的列坐标 x_1 和 x_2 。分别计算两对坐标之间的距离 d_1 和 d_2 ：

$$d_1 = \sqrt{(x_{max} - x_{min})^2 + (y_2 - y_1)^2} \tag{6.16}$$

$$d_2 = \sqrt{(x_2 - x_1)^2 + (y_{max} - y_{min})^2} \tag{6.17}$$

则缺陷的大小 d 为：

$$d = \max\{d_1 + 1, d_2 + 1\} \tag{6.18}$$

　　由于缺陷特征图像中的每个像素对应的实际尺寸为 0.1mm，因此缺陷的实际大小 D 为：

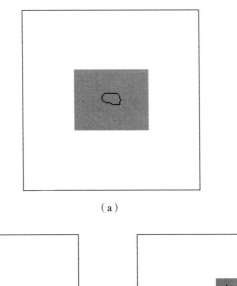

（a）

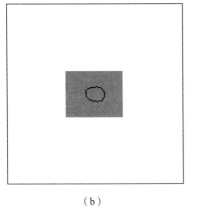

（b）

（c）

图 6.8　典型缺陷的缺陷内核的边界

（a）夹杂物缺陷；（b）气泡缺陷；（c）划伤缺陷

$$D = 0.1 \times d \, (\mathrm{mm}) \tag{6.19}$$

根据边界行、列坐标的最大值和最小值，计算出缺陷位置的坐标（$cenx$，$ceny$）为：

$$\begin{cases} cenx = \dfrac{x_{\max} + x_{\min}}{2} \\ ceny = \dfrac{y_{\max} + y_{\min}}{2} \end{cases} \tag{6.20}$$

表 6.7 所示为夹杂物缺陷、气泡缺陷和划伤缺陷的实际大小和位置的计算结果。

表6.7　含有缺陷内核的缺陷大小和位置的计算结果

参数 / 缺陷类型	夹杂物缺陷	气泡缺陷	划痕缺陷
(x_{min}, y_1)	(94, 102)	(92, 104)	(107, 71)
(x_{max}, y_2)	(113, 107)	(111, 111)	(110, 126)
(x_1, y_{min})	(97, 99)	(102, 99)	(108, 67)
(x_2, y_{max})	(112, 111)	(104, 116)	(108, 155)
$(cenx, ceny)$	(103, 105)	(101, 108)	(109, 111)
d_1	21.2	20.3	55.1
d_2	19.2	17.2	88.0
d	21.2	20.3	88.0
D	2.1 mm	2.0 mm	8.8 mm

6.2.2　不含缺陷内核的缺陷大小和位置的计算

典型缺陷中，不含缺陷内核的缺陷包括疖瘤缺陷、线道缺陷和玻筋缺陷。该类缺陷的外核和内核存在很多离散的、相互不连通的区域，但这些孤立的不连通区域又同属于同一个缺陷，因此无法采用含有缺陷内核的缺陷大小的计算方法。

本书针对该类缺陷的三值化图像的特点，通过投影法计算缺陷的大小和位置。在缺陷范围内，计算灰度值不等于128的像素在水平和垂直方向像素个数的投影 $p_h(i)$ 和 $p_v(j)$、缺陷大小 d 的计算方法如下：

$$d = \max\{\max[p_h(i)] - \min[p_h(i)] + 1, \max[p_v(j)] - \min[p_v(j)] + 1\}$$

$$(6.21)$$

式中，$p_h(i)$ 为第 i 行上值不等于128的像素的个数，$p_v(j)$ 为第 j 列上值不等于128的像素的个数。

图6.9～图6.11所示为疖瘤缺陷、线道缺陷、玻筋缺陷在行和列方向上的投影。

根据缺陷行和列方向投影坐标的最大值和最小值，缺陷位置 $(cenx, ceny)$ 的计算方法为：

$$\begin{cases} cenx = \dfrac{\max[p_v(j)] + \min[p_v(j)]}{2} \\ ceny = \dfrac{\max[p_h(i)] + \min[p_h(i)]}{2} \end{cases} \quad (6.22)$$

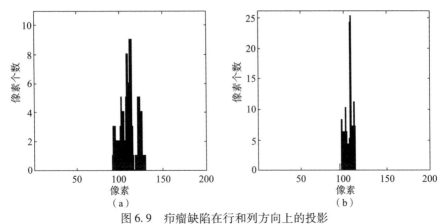

图 6.9 疖瘤缺陷在行和列方向上的投影

（a）疖瘤缺陷在行方向上的投影；（b）疖瘤缺陷在列方向上的投影

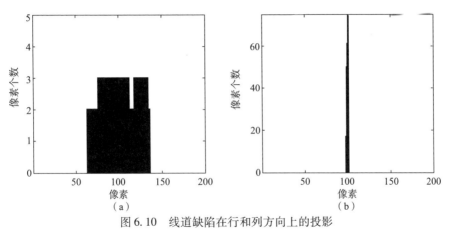

图 6.10 线道缺陷在行和列方向上的投影

（a）线道缺陷在行方向上的投影；（b）线道缺陷在列方向上的投影

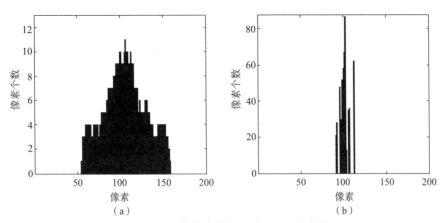

图 6.11 玻筋缺陷在行和列方向上的投影

（a）玻筋缺陷在行方向上的投影；（b）玻筋缺陷在列方向上的投影

同理，缺陷的实际大小 $D = 0.1 \times d$。典型疖瘤缺陷、线道缺陷和玻筋缺陷的缺陷大小和位置的计算结果见表 6.8。

表 6.8　不含缺陷内核缺陷的大小和位置计算结果

	疖瘤缺陷	线道缺陷	玻筋缺陷
max $(p_h(i))$	129	136	159
min $(p_h(i))$	92	63	55
max $(p_v(j))$	113	101	113
min $(p_v(j))$	95	98	92
$(cenx, ceny)$	(104, 111)	(100, 100)	(103, 107)
d	38	74	105
D	3.8	7.4	10.5

6.3　检测方法的性能测试

对缺陷内核大小的检测精度、检出能力和检测实时性进行测试，以验证该检测方法能否满足玻璃缺陷在线检测的要求。

6.3.1　缺陷内核大小的检测精度和检出能力测试

为了测试该检测方法的检测精度和最小缺陷的检出能力，选取含有不同大小的样本缺陷，图 6.12 所示为缺陷内核大小为 0.3 mm 的气泡缺陷，以及

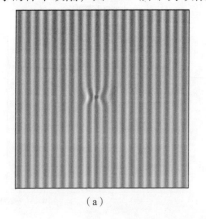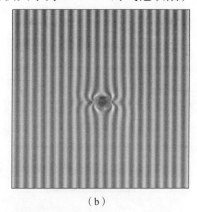

（a）　　　　　　　　　　　　　　（b）

图 6.12　缺陷内核大小不同的夹杂缺陷的校正云纹图像

（a）缺陷内核大小为 0.3 mm 的缺陷的校正云纹图像；

（b）缺陷内核大小为 1.2 mm 的缺陷的校正云纹图像

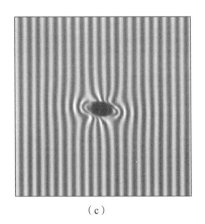 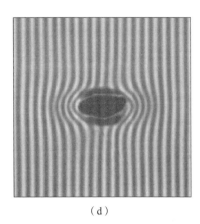

（c）　　　　　　　　　　　　　　　（d）

图 6.12　缺陷内核大小不同的夹杂缺陷的校正云纹图像（续）

（c）缺陷内核大小为 2.6 mm 缺陷的校正云纹图像；

（d）缺陷内核大小为 5.0 mm 缺陷的校正云纹图像

内核大小分别为 1.2 mm、2.6 mm 和 5.0 mm 的夹杂缺陷的校正云纹图像。图 6.13 ~ 图 6.16 所示分别为样本的缺陷相位真值差图像的分割结果和缺陷范围内修正的阈值 T_{1x} 的缺陷特征图像的分割结果。

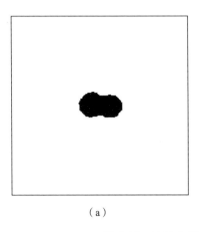 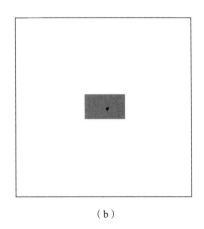

（a）　　　　　　　　　　　　　　　（b）

图 6.13　缺陷内核大小为 0.3 mm 的气泡缺陷

（a）相位差分割结果；（b）缺陷特征分割结果

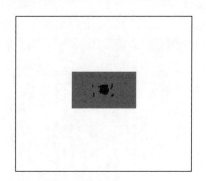

（a）　　　　　　　　　　　　　　（b）

图6.14　缺陷内核大小为1.2 mm的夹杂缺陷

（a）相位差分割结果；（b）缺陷特征分割结果

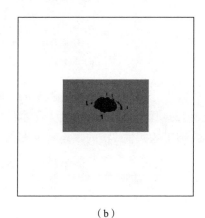

（a）　　　　　　　　　　　　　　（b）

图6.15　缺陷内核大小为2.6 mm的夹杂缺陷

（a）相位差分割结果；（b）缺陷特征分割结果

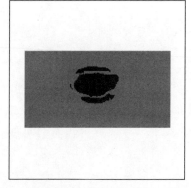

（a）　　　　　　　　　　　　　　（b）

图6.16　缺陷内核大小为5.0 mm的夹杂缺陷

（a）相位差分割结果；（b）缺陷特征分割结果

根据缺陷特征图像的分割结果，按照缺陷大小的计算方法，得到缺陷大小的测量值。将缺陷样本的实际大小与测量值进行对比，对比结果见表6.9。

表6.9　缺陷样本的缺陷大小的测量值与实际值的对比结果

样本大小/mm	分割阈值	缺陷内核的边界坐标（最大距离）	d	D/mm	测量误差/mm
0.3	89	（94，99）（96，98）	3.2	0.3	0.0
1.2	95	（98，99）（105，108）	12.4	1.2	0.0
2.6	90	（106，103）（86，110）	25.1	2.5	0.1
5.0	86	（79，104）（126，93）	50.2	5.0	0.0

从样本缺陷的检测结果可以看出，该方法得到的测量值与实际尺寸之间的最大误差均不大于0.1 mm，能够检测出缺陷大小为0.3 mm的气泡缺陷。结果表明，缺陷大小的检测精度可达到0.1 mm，最小气泡缺陷的检出能力可达到0.3 mm。

实际大小的测量结果是采用基于玻璃外观的国家质量标准的检测方法得到的，将表6.9中的检测结果与实际大小进行对比，则含有缺陷内核的典型缺陷的检测精度也达到了0.1 mm。

由于该检测方法能够检测出目测难以察觉的光学变形部分缺陷，因此所得到的缺陷大小均比国家标准的检测结果大，本书未进行定量的对比分析。

6.3.2　实时性测试

以一路缺陷数据采集和处理单元为例，其所使用的数据处理计算机的主频为2.2 G，内存为2 G，具有双DMA数据采集器，设置每个DMA缓冲区的大小为11.33 M，以存储2 200行、5 150像素的云纹图像。

数据处理计算机读取并处理每个缓冲区内大小为5 150×2 200像素的云纹图像的平均执行时间为910 ms。当玻璃生产速度为800 m/h时，线阵CCD相机采集2 200行的玻璃表面图像的时间为990 ms，即线阵CCD相机采满下一个缓冲区的数据前，数据处理计算机已经处理完当前缓冲区内的数据，等待处理下一个缓冲区内的数据，因此单路的检测系统可以实现对生产速度为800 m/h，有效检测宽度为500 mm的玻璃带表面缺陷的不间断实时检测。通过8路独立的数据采集和处理单元的拼接，可实现宽度为4 000 mm的玻璃带的在线检测。

对长度为400 m的玻璃带的在线检测中，共计检测出缺陷3 343个，其中在120～130 m长度内，缺陷最为集中，共计464个缺陷，其中前20个缺陷的统计信息见表6.10所示。

表 6.10　10 m 长度内的前 20 个缺陷统计信息

序号	纵坐标	横坐标	缺陷大小/mm	缺陷类型	序号	纵坐标	横坐标	缺陷大小/mm	缺陷类型
1	1 808.4	120.0	20.3	玻筋	11	3 034.3	121.1	2.6	疖瘤
2	2 835.0	120.1	1.2	气泡	12	1 052.5	121.1	7.3	夹杂物
3	1 620.1	120.3	2.5	夹杂物	13	1 903.8	121.2	3.2	夹杂物
4	2 643.6	120.4	14.1	划伤	14	2 787.8	121.2	20.9	玻筋
5	8 55.6	120.5	3.8	疖瘤	15	3 104.1	121.3	2.4	气泡
6	3 894.7	120.5	1.4	夹杂物	16	3 050.0	121.2	1.3	夹杂物
7	2 949.7	120.7	0.4	气泡	17	1 867.9	121.3	15.7	线道
8	3 881.7	120.7	2.1	气泡	18	698.9	121.4	0.7	气泡
9	2 661.7	120.8	1.2	夹杂物	19	2 885.6	121.3	4.2	夹杂物
10	2 683.8	120.9	1.1	气泡	20	1 837.4	121.3	0.8	夹杂物

　　综上所述，本书所研究的基于光栅投影的玻璃缺陷在线检测技术，其最小缺陷的检出能力达到 0.3 mm，检测精度为 0.1 mm，可实现生产速度小于 800 m/h 的实时在线检测，通过多路独立的图像采集和处理单元的拼接，可满足当前不同宽度生产线的玻璃缺陷检测的要求。

参 考 文 献

［1］2014 年中国玻璃市场研究报告［EB/OL］. http：//www. chyxx. com.

［2］Mitra. S. K，Parker. J. M. Expert system for identifying defects，stones and cord in glass［M］. ECAI - 84：Proceedings of the 6th European conference and Artificial Intelligence，Pisa，Italy Sponsor：CICA，AISB.

［3］Schmiedl. R. Automation of flaw detection on the float glass ribbon［J］. G1ass，1985，11（62）：408 - 409.

［4］Latham. V，Nixon. M，Mayars. C. Automatic Optical Inspection of Table Glass［J］. Glass Technology，1986，27（6）：188 - 194.

［5］FASTSCAN 系统［EB/OL］. http：//www. imageautomation. com/Fastscan/default.

［6］Holmes Jonathan D. Inspection of float glass using a novel retroreflective laser scanning system［J］. Optical Scanning Systems Design and Applications，1997，7：876 - 880.

［7］余干文，刘应龙，余珏文. 浮法玻璃缺陷在线自动检测装置. 中国：CN1050443［P］. 1991 - 04 - 03.

［8］李巧先. 关于玻璃缺陷在线检测技术研究［J］. 上海计量测试. 1994，4：26 - 28.

［9］黄澄. 玻璃缺陷自动检测系统的设计与实现［D］. 西安：西安交通大学. 1998.

［10］Benninghoff H. J，Prott V，Droste J. New System to detect distortion & deformation in float glass［J］. Glass Processing Days，2001，06：134 - 138.

［11］Vanessa Pratt，Jay Warner. Defect inspection in transparent materials［J］. Sensor Review，2000，20（4）：294 - 298.

［12］杜晓强，喻宾扬，金永. 基于线阵 CCD 的玻璃缺陷检测方法的研究［J］. 玻璃，2009，3：3 - 6.

［13］德国 Isra 公司在线缺陷检测设备近年在中国的部分业绩［EB/OL］. www. cpm. net. cn.

［14］长沙科创计算机. 玻璃缺陷在线自动检测系统［EB/OL］. http：//www. chinacreator. com/inc info/cgal more. asp.

［15］刘力双，王宝光，张铫，李亚标. 镀膜玻璃的瑕疵在线检测系统实验研

究 ［J］. 制造业自动化，2003，10（25）：52 - 55.

［16］华中科技大学. 一种基于机器视觉的浮法玻璃缺陷在线检测装置. 中国：CN200710051862.7［P］. 2007 - 9 - 26.

［17］余文勇，周祖德，陈幼平. 一种浮法玻璃全面缺陷在线检测系统［J］. 华中科技大学学报（自然科学版），2007，08：1 - 4.

［18］彭向前，陈幼平，余文勇. 一种基于机器视觉的浮法玻璃质量在线检测系统［J］. 制造业自动化，2007，12：50 - 52.

［19］ Xiangqian Peng, Youping Chen, Wenyong Yu, etc. An online defects inspection method for float glass fabrication based on machine vision［J］, Adv Manuf Technol, 2008, 39：1180 - 1189.

［20］刘怀广. 浮法玻璃缺陷在线识别算法的研究及系统实现［D］. 武汉：华中科技大学，2011.

［21］彭向前. 产品表面缺陷在线检测方法研究及系统实现［D］. 武汉：华中科技大学，2008.

［22］解秀梅，王胜科，秦勃，等. 关于玻璃缺陷在线检测系统的初步研究［C］. 2008 年中国信息技术与应用学术论坛论文集，2008：315 - 317.

［23］王文超. 玻璃缺陷检测系统关键技术研究［D］. 秦皇岛：燕山大学，2007.

［24］王飞，崔凤奎，刘建亭，等. 基于机器视觉的玻璃表面缺陷检测系统的研究［J］. 玻璃与搪瓷，2009，37（5）：6 - 10.

［25］周欣，邓文怡，刘力双. 玻璃缺陷快速检测分类研究［J］. 微计算机信息，2008，27：304 - 305.

［26］在线莫尔检测系统［EB/OL］. http：//www. israglassvision. com.

［27］王丽萍，蓝天，王少丰. 玻璃缺陷在线自动检测设备性能及实践［J］. 玻璃，2003，5（170）：46 - 47.

［28］杨淑连. 虚拟莫尔条纹技术测量浮法玻璃斑马角［J］. 应用激光，2005，25（6）：405 - 407.

［29］周王民，赵建林，马戎. 浮法玻璃均匀性的光学检测方法［J］. 计测技术，2006，03：27 - 29.

［30］蔡继红，陈金龙，王和敏，等. 玻璃带实时质量检测新方法研究［J］. 实验力学，2006，21（6）：715 - 720.

［31］达飞鹏，盖绍彦. 光栅投影三维精密测量［M］. 北京：科学出版社，2011.

［32］陈家璧，苏显渝. 光学信息技术原理及应用［M］. 北京：高等教育出版社，2002.

［33］邵双运，苏显渝，张启灿，等．调制度测量轮廓术在复杂面形测量中的应用［J］．光学学报，2004，24（12）：1623 - 1628.

［34］V. Srinivasan, H. C. Liu, M. Halioua. Automated phase-measuring profilometry of 3 - D, object shape［J］. Appl. Opt, 1984, 23（18）：3105 - 3108.

［35］Mistuo Takeda, Kazuhiro Mutoh. Fourier transform Profilometry for the automatic measurement of 3 - D object shapes［J］. Applied Optics, 1983. 12（22）：3977 - 3982.

［36］Watknsl R, Tan S. M, Barnes T. H, Determination of interferometer phase distributions by use of wavelets［J］. Opt Lett, 1999, 24（13）：905 - 907.

［37］Hiroto Watanabe, Onodera Ribun, Ishii Yukihiri Demodulation technique for interferometric phase with a one-dimesional deicrete Hilbert transform［J］. Proceedings of SPIE, 2002, 4919：376 - 383.

［38］M. Servin, D. Malacara, R Rodriguez-Vera, Phase-locked-loop interferometry applied to aspheric testing with a computer-stored compensator［J］. Appl. Opt, 1994, 33（13）：2589 - 2595.

［39］Rajesh Kumar, I. P. Singh, Chandra Shakher. Measurement of out-of-plane static and dynamic deformations by processing digital speckle pattern interferometry fringes using wavelet transform［J］. Optics and Lasers in Engineering, 2004, 41：81 - 93.

［40］Yanjun Fu, Guangyu Jiang, Fengying Chen. A novel Fourier transform profilometry based on dual-frequency grating［J］. Optik, 2011, 7（7）：567 - 569.

［41］赵玥，陈文静，孙娟，等．基于双频光栅条纹的小波变换轮廓术［J］．四川大学学报（自然科学版），2010，47（5）：1037 - 1042.

［42］任旭虎，綦继光，宋姗姗．傅里叶变换轮廓术中预处理滤波方法的研究［J］．中国石油大学学报，2007，31（6）：1673 - 5005.

［43］Rajesh Kumar, I. P. Singh, Chandra Shakher. Measurement of out-of-plane static and dynamic deformations by processing digital speckle pattern interferometry fringes using wavelet transform［J］. Optics and Lasers in Engineering, 2004, 41：81 - 93.

［44］K. Itoh. Analysis of the phase unwrapping algorithm［J］. Applied Optics, 1982, 21（14）：2470 - 2473.

［45］R. M. Goldstein, H. A. Zebker, L. Werner. Satellite Radar Interferometry：Two-Dimensional Phase Unwrapping［J］. Radio Science, 1988, 23（4）：713 - 720.

［46］D. J. Bone. Fourier Fringe Analysis：the Two-Dimensional Phase Unwrapping

Problem [J]. Applied Optics, 1991, 30 (25): 3627 – 3632.

[47] D. C. Ghiglia, L. A. Romero. Robust two dimensional weighted and unweighted phase unwrapping that uses fast transform and iterative methods [J]. JOSA, 1994, A11 (1): 107 – 117.

[48] C. Quan, C. J. Tay, L. Chen. Spatial-Fringe-Modulation-Based Quality Map for Phase Unwrapping [J]. Appl. Opt, 2003, 42 (35): 7060 – 7065.

[49] Chong Yang, Qiang Lu, Jing Zhao. Window size selection in windowed Fourier transform for phase retrieval [J]. Optics and Lasers in Engineering, 2010, 48: 1096 – 1103.

[50] Sri-Rajasekhar Kothapalli. Spectral Phase Based Medical Image Processing [J]. Acad Radio, 2005, 12: 708 – 721.

[51] Liang-Chia Chen, Hsuan-Wei Ho, Xuan-Loc Nguyen. Fourier transform profilometry (FTP) using an innovative band-pass filter for accurate 3 – D surface reconstruction [J]. Optics and Lasers in Engineering, 2010, 48: 182 – 190.

[52] Xiaogang Wang, Daomu Zhao. Double-image self-encoding and hiding based on phase-truncated Fourier transforms and phase retrieval [J]. Optics Communications, 2011, 284: 4441 – 4445.

[53] E. Zappa, G. Busca, Comparison of eight unwrapping algorithms applied to Fourier-transform Profilometry [J]. Optics and Lasers in Engineering, 2008, 46: 106 – 116.

[54] 吴凤和. 基于计算机视觉测量技术的图像轮廓提取方法研究 [J]. 计量学报, 2007, 28 (1): 18 – 22.

[55] Andrea Baraldi, Flavio Panniggiani. An investigation of the textural characteristics associated with gray level cooccurrence matrix statistical parameters [J]. IEEE Transaction on geoscience and remote sensing, 1995, 33 (2): 293 – 304.

[56] 张立国, 杨瑾, 李晶, 等. 基于小波包和数学形态学结合的图像特征提取方法 [J]. 仪器仪表学报, 2010, 31 (10): 2285 – 2290.

[57] 沈庭芝, 王卫江, 等. 数字图像处理及模式识别 [M]. 北京: 北京理工大学出版社, 2007.

[58] Kenneth R. Castleman. 数字图像处理 [M]. 北京: 清华大学出版社, 1998.

[59] 王飞, 崔凤奎, 刘建亭, 张丰收. 一种平板玻璃缺陷在线检测系统的研究 [J]. 应用光学, 2010, 01: 95 – 99.

[60] 吴洪潭，石成龙，孙悦，等. 钢化玻璃绝缘子缺陷检测方法及装置研究 [J]. 计量学报，2012，33（3）：203－205.

[61] T. W. Ridler, S. Calvard. Picture threshold Picture thresholding using an iterative selection method [J]. IEEE Transactions on Systems, Man and Cybern, 1978, SMC－8：630－632.

[62] 杨健雯，程韬波，钟震宇，曹永军，黎伟权. 数学形态学和 LoG 算子结合的边缘检测技术 [J]. 计算机工程与应用，2011，36：177－179.

[63] Otsu N. A threshold selection method from gray-level histograms [J]. IEEE Transactions on Systems, Man and Cybern, 1979, SMC－9（1）：62－66.

[64] J. N. Kapur, P. K. Sahoo and A. K. C. Wong, A new method for grey-level picture thresholding using the entropy of the histogram [J]. Graphics Vision Image Process, 1985, 29, 273－285.

[65] Li. C. H, Lee. C. K. Minimum cross entropy thresholding [J]. Pattern Recognition, 1993, 26（4）：617－625.

[66] 彭向前，谢经明，陆万顺，陈幼平. 浮法玻璃质量在线检测与分析系统 [J]. 玻璃，2009，12：43－46.

[67] 易乔木，程金树，周洋，等. 一种基于机器视觉的玻璃质量在线检测系统 [J]. 武汉理工大学学报，2007，29（5）：23－26.

[68] 杨继亮. 基于双阈值分割的玻璃缺陷特征提取方法研究 [D]. 太原：中北大学，2012.

[69] Matheron G. Random Sets and Integral Geometry [D]. New York：Wiley, 1975.

[70] Serra J. Image Analysis and Mathematical Morphology [D]. New York：Academic Press, 1982.

[71] Serra J. Connectivity on complete lattices [J]. Journal of Mathematical Imaging and Vision, 1998, 9：231－251.

[72] Choi KY, Kim S S. Morphological analysis and classification of types of surface corrosion damage by digital image processing [J]. Corrosion Science, 2005 47（1）：1－15.

[73] Mashford J, Rahilly M, Davis P, Burn S. A morphological approach to pipe image interpretation based on segmentation by support vector machine [J]. Automation in Construction, 2010, 19（7）：875－83.

[74] 朱士虎，朱红，何培忠. 形态学运算中结构元素选取方法研究 [J]. 现代计算机，2009，7（311）：19－21.

[75] 刘立，焦斌亮，刘钦龙. 改进 SUSAN 的遥感图像边界提取算法 [J]. 微计算机信息，2009，25（3）：303－304.

［76］钟顺虹，何建农．基于自适应双阈值的 SUSAN 算法［J］．计算机工程，2012，3：206 – 211.

［77］唐晓强，赖惠成．形态学结构元素选取算法的研究［J］．通信技术，2010，43（7）：161 – 163.

［78］崔玲玲，卢朝阳，李静，李益红．基于小波多尺度积与形态学的瑕疵检测算法［J］．光电工程，2011，08：90 – 95.

［79］汤勃，孔建益，王兴东，蒋国璋，陈黎．基于数学形态学的带钢表面缺陷检测研究［J］．钢铁研究学报，2010，10：56 – 59.

［80］王大红，胡茂林．决策边缘特征检测算法［J］．计算机应用，2009，29（6）：233 – 235.

［81］王昊雨，林苏斌，缪希仁．图像处理技术在玻璃缺陷检测中的应用［J］．工业控制计算机，2011，02：68 – 70.

［82］赵涟漪，许宝杰，童亮．玻璃缺陷在线检测系统的研究［J］．北京信息科技大学学报（自然科学版），2011，04：57 – 61.

［83］Sarkar A, Sharma K M S, Sonak R V A new approach for subset 2D AR model identification for describing textures［J］. IEEE Trans. On Image Processing, 1997, 6 (3)：407 – 413.

［84］叶衍，张凌．基于特征分布的图像信息抽取［J］．中国图像图形学报，1998，3：189 – 193.

［85］E. Dogantekin, M. Yilmaz, A. Dogantekin, etc. A robust technique based on invariant moments-ANFIS for recognition of human parasite eggs in microscopic images［J］. Expert Systems with Applications, 2008, 35：728 – 738.

［86］D. Tao, X. Li, X. Wu, S. J. Maybank. General tensor discriminant analysis and gabor features for gait recognition［J］. IEEE Trans. Pattern Anal Mach Intell, 2007, 29 (10)：1700 – 1715.

［87］程万胜．钢板表面缺陷检测技术的研究［D］．哈尔滨：哈尔滨工业大学，2008.

［88］张洪涛．钢板表面缺陷在线视觉检测系统关键技术研究［D］．天津：天津大学，2008.

［89］杨水山．冷轧带钢表面缺陷机器视觉自动检测技术研究［D］．哈尔滨：哈尔滨工业大学，2009.

［90］孙波成，邱延峻，梁世庆．基于小波的路面裂缝识别研究［J］．重庆交通大学学报，2010，29（1）：69 – 72.

［91］Jain AK, Duin R PW, Mao Jianchang. Statistical Pattern Recognition：A Review［J］. IEEE Transactions On Pattern Analysis and Machine

Intelligence, 2000, 22 (1): 4 - 37.

[92] Osher S, Sethian J A. Fronts Propagating with curvature-dependent speed: Algorithms based on Hamilton-Jacobi formulations [J]. Journal of Computational Physics, 1988, 79 (1): 12 - 49.

[93] Povlow B R, Dunn S M. Texture classification using noncausal hidden Markov models [J]. IEEE trans. on PAMI, 1995, 17 (10): 1010 - 1014.

[94] Geman S, Geman G. . Stochastic relaxation, Gibbs distributions and the Bayesian restoration of images [J]. IEEE Trans. Pattern Analysis and Machine Intell, 1984, 6 (6): 721 - 741.

[95] Quinlan, J R. Induction of decision trees [J]. Machine Learning, 1986, 1 (1): 81 - 106.

[96] Quinlan, J R, Rivest, R. C4. 5: Programs for Machine Learning [D]. CA, Morgan Kaufmann: San Mateo, 1993.

[97] 屈俊峰, 朱莉, 胡斌, 等. 两种决策树的事前修剪算法 [J]. 计算机应用, 2006, 26 (3): 670 - 672.

[98] 叶世伟, 史忠值 (译). 神经网络原理 [M]. 北京: 机械工业出版社, 2003.

[99] 陈天宝. 基于 BP 网络的浮法玻璃缺陷分类算法研究 [D]. 武汉: 华中科技大学, 2007.

[100] 彭向前, 陈幼平, 谢经明, 辜承林, 刘怀广. 浮法玻璃缺陷在线检测识别方法研究 [J]. 玻璃与搪瓷, 2010, 38 (1): 1 - 6.

[101] 刘焕军. 基于多核支持向量机集成的智能玻璃制品检测算法 [J]. 计算机测量与控制, 2011, 19 (2): 359 - 362.

[102] 刘怀广, 陈幼平, 谢经明, 彭向前. 浮法玻璃缺陷在线识别技术的研究 [J]. 小型微型计算机系统, 2011, 04: 738 - 742.

[103] 秦玉平, 王秀坤. 一种改进的快速支持向量机分类算法研究 [J]. 大连理工大学学报, 2007, 47 (3): 292 - 294.

[104] 王凤哲, 王召巴, 金永, 陈友兴. 基于 BP 神经网络的玻璃缺陷识别技术研究 [J]. 现代电子技术, 2010, 14 (325): 45 - 48.

[105] GB 11614 - 1999, 浮法玻璃 [S]. 北京: 国家质量技术监督局, 1999.

[106] Jin Yong, Wang Zhaoba, Zhu Linquan, Yang Jiliang. Research on defect inspection system for float glass based on linear array CCD [J], Lecture Notes in Electrical Engineering. 2012, 3: 815 - 820.

[107] 金永, 王召巴. 浮法玻璃带缺陷自动检测技术研究 [J]. 传感器与微系统, 2008, 27 (12): 11 - 13.

[108] Jin Yong, Wang Zhaoba, Zhu Linquan, Yang Jiliang. Research on in – line glass defect inspection technology based on Dual CCFL [J], Procedia Engineering. 2011, 15: 1797 – 1801.

[109] 金永, 魏博, 王召巴, 石兵华. 基于双 CCFL 的玻璃缺陷检测技术研究 [J]. 中北大学学报, 2013, 34 (1): 66 – 69.

[110] 杨继亮, 金永, 王召巴. 基于线阵 CCD 的玻璃缺陷检测系统研究 [J]. 传感器与微系统, 2011, 30 (11): 25 – 27

[111] Jin Yong, Wang Zhaoba, Zhu Linquan, Yang Jiliang, Wei Bo. Study on Glass Defect Inspection Based on Projecting Grating Method [J]. Journal of Testing and Evaluation. 2013, 41 (2): 332 – 339.

[112] 喻宾扬, 王召巴, 金永. 基于莫尔条纹的玻璃缺陷检测技术研究 [J]. 硅酸盐通报, 2008, 27 (1): 183 – 187.

[113] 喻宾扬, 王召巴, 金永. 玻璃缺陷检测新方法的研究 [J]. 传感器与微系统, 2008, 27 (8): 60 – 62.

[114] 魏涛, 王召巴, 金永, 陈友兴. 基于图像重构的玻璃缺陷检测技术研究 [J]. 化工自动化及仪表, 2010, 37 (6): 58 – 61.

[115] 孔小丽, 金永, 王召巴. 一种光栅条纹图像非线性矫正算法的 DSP 实现 [J]. 中国测试, 2015, 41 (4): 66 – 69.

[116] Ghiglia D. C. , and Pritt M. D. . Two-dimensional phase unwrapping theory, algorithms and software [M]. John Wiley&Sons, 1998: 68 – 73.

[117] 金永, 石兵华, 王召巴, 郭文静, 陈友兴. 柱状药表面的粘接剂厚度测量方法 [J]. 固体火箭技术, 2014, 37 (1): 139 – 142.

[118] 石兵华, 王召巴, 金永. 基于傅里叶变换轮廓术的药柱外型尺寸检 [J]. 弹箭与制导学报, 2013, 33 (3): 174 – 176.

[119] 郭文静, 石兵华, 金永. 关于提高傅里叶变换轮廓术测量精度的研究 [J]. 应用光学, 2013, 34 (5): 845 – 848.

[120] 金永. 基于投影栅线的玻璃缺陷云纹图像处理方法 [D]. 太原: 中北大学, 2013.

[121] Jin Yong, Wang Zhaoba, Zhu Linquan, Yang Jiliang, Wei Bo. Study on Glass Defect Inspection Method Based on Out-of-plane Moire [J], Journal of Computational Information Systems. 2012, 8 (9): 3921 – 3928.

[122] Jin Yong, Zhen Wang, Zhaoba Wang. The Online Measurement of optical distortion for glass defect based on the grating projection method [J]. Optic, 2016, 127 (4): 2240 – 2245.

[123] Maria F. Salfity, Pablo D. Ruiz, Jonathan M. Huntley, Martin J. Graves,

Rhodri Cusack, and Daniel A. Beauregard. Branch cut surface placement for unwrapping of under sampled three-dimensional phase data: application to magnetic resonance imaging arterial flow mapping [J]. APPLIED OPTICS, 2006, 45 (12): 2711 – 2722.

[124] Trifonov. I, Skiba. K. S. Approximation of amplitude-frequency responses of minimum-phase recursive digital band-pass filters [J]. Radioelectronics and Communications Systems, 2005, 48 (7): 7 – 11.

[125] Michael Hubig, Steffen Suchandt, and Nico Adam. Equivalence of cost generators for minimum cost flow phase unwrapping [J]. J. Opt. Soc. Am. A, 2002, 19 (1): 64 – 70.

[126] Antonio Baldi. Two-dimensional phase unwrapping by quad-tree decomposition [J]. APPLIED OPTICS, 2001, 40 (8): 1187 – 1194.

[127] Justo Arines. Least-squares modal estimation of wrapped phases: application to phase unwrapping [J]. APPLIED OPTICS, 2003, 42 (17): 3373 – 3378.

[128] Antonio Collaro, Giorgio Franceschetti, Francesco Palmieri and Maria Sedes Ferreiro. Phase unwrapping by means of genetic algorithms [J]. Opt. Soc. Am. A, 1998, 15 (2): 407 – 418.

[129] Jin Yong, Zhaoba Wang, Yu Chen, Xiaoli Kong, Limei Wang, Weizhe Qiao. Study on inspection method of glass defect based on phase image processing [J]. Optic, 2014, 125 (19): 5846 – 5849.

[130] 王勤, 余景池, 陈浩, 王媛媛. 莫尔偏折技术用于测量镜片屈光度的研究 [J]. 光电工程, 2008, 35 (5): 74 – 80.

[131] Vincent Meyer, Yves Surrel. Innovative technology for the glass quality control. In Proc. International Conference "Glass Performance Days". Tampere, Finland, 2007. 782 – 785.

[132] 石兵华, 金永, 王召巴, 陈友兴, 陈玉. 基于数字光栅投影的浮法玻璃缺陷检测方法研究 [J]. 光电子激光, 2014, 25 (3): 521 – 525.

[133] 许星, 王开福, 顾国庆, 等. 离面位移数字散斑干涉系统测量材料内部缺陷 [J]. 激光技术, 2012, 36 (4): 548 – 552.

[134] Gonzalez RC, Woods RE. 数字图像处理 (第二版) [M]. 北京: 电子工业出版社, 2007.

[135] Gonzalez RC, Woods RE, L. Eddins S. 数字图像处理 (MATLAB) [M]. 北京: 电子工业出版社, 2005.

[136] 章毓晋. 图像分割 [M]. 北京: 科学出版社, 2001.

[137] L. R. Waikit, H. Ip, C. K. Li. Approaches to Decompose Flat Structuring

Element for Overlapping Search Morphological Algorithm ［J］. Proceedings of the 14th International Conference on Pattern Recognition, Brisbane, 1998, 2: 1461 – 1463.

［138］Luengo-Oroz MA, Faure E, Angulo J. Robust iris segmentation on uncalibrated noisy images using mathematical morphology ［J］. Image and Vision Computing, 2010, 28 (2): 278 – 284.

［139］金永, 王召巴, 赵霞. 基于相位图像处理的玻璃缺陷检测方法, 中国: ZL 20131 0168070. 3 ［P］, 2015 – 4 – 29.

［140］杨继亮. 基于双阈值分割的玻璃缺陷特征提取方法研究 ［D］. 太原: 中北大学, 2012.

［141］苟中魁, 张少军, 李忠富等. 一种 Otsu 阈值法的推广——Otsu 双阈值法 ［J］. 机械, 2004, 31 (7): 12 – 14.

［142］Wiley J, Sons I. 模式分类 (影印版) ［M］. 北京: 机械工业出版社, 2004.

［143］Mitchell T. 机器学习 (英文版) ［M］. 北京: 机械工业出版社, 2003.

［144］Leung C K, Lam F K. Performance analysis for a class of iterative image thresholding algorithms ［J］. Pattem Recognition, 1996, 29 (9): 1523 – 1530.

［145］Dong L, Yu G, Ogunbona P, Li W. An efficient iterative algorithm for image thresholding ［J］. Pattern Recognition Letters, 2008, 29 (9): 1311 – 1316.

［146］Lee H, Park RH. Comments on all optimal threshold scheme for image segmentation ［J］. IEEE Transactions on Systems, Man and Cybernetics, 1990, 20 (3): 741 – 742.

［147］Xu X, Xu S, Jin L, Song E. Characteristic analysis of Otsu threshold and its applications ［J］. Pattern Recognition Letters, 2011, 32 (7): 956 – 961.

［148］Chang C, Chen K, Wang J, Althouse relative entropy-based approach to image thresholding ［J］. Pattern Recognition, 1994, 27 (9): 1275 – 1289.

［149］Yin P Y. Maximum entropy-based optimal threshold selection using deterministic reinforcement learning with controlled randomization ［J］. Signal Processing, 2002, 82 (7): 993 – 1006.

［150］Chen X, Wang R, Cao Y, Yu W, Feng J. A Novel Evaluation Method Based on Entropy for Image Segmentation ［J］. Procedia Engineering, 2012, 29: 3959 – 3965.

［151］孙即祥. 图像分析 ［M］. 北京: 科学出版社, 2005.

［152］薛景浩, 章毓晋, 林行刚. 图像分割中的交叉熵和模糊散度算法 ［J］.

电子学报，1999，7（3）：468－473.

[153] 修春波，刘向东，张宇河. 基于混沌优化的最佳熵阈值的图像分割 [J]. 计算机工程与应用，2004，27（02）：76－77.

[154] Yong Jin, Youxing Chen, Zhaoba Wang. A Conjugate Gradient Neural Network for inspection of glass defects [C]. 11th International Conference on Fuzzy Systems & Knowledge Discovery（FSKD 2014）. 2014：698－703.

[155] Zhang, H. Song, J. Han, J. Fang, F. Ren, W. Research on intelligent fault diagnosis of engine based on MOBP neural network [J]. Lecture Notes in Electrical Engineering, 2013, 255: 13－18.

[156] Shao, H. Wu, W. Convergence of BP algorithm with variable learning rates for FNN training [C]. Fifth Mexican International Conference on Artificial Intelligence, 2006: 245－250.

[157] Robitaille, B. Marcos, B. Veillette, M. Payre, G. Modified quasi-Newton methods for training neural networks [J]. Computers and Chemical Engineering, 1996, 20: 1133－1140.

[158] Martin, F. A scaled conjugate gradient algorithm for fast supervised learning [J]. Neural Networks, 1993, 6: 525－533.

[159] 蔡正国，屈梁生. 共轭梯度神经网络的研究 [J]. 西安交通大学学报，1995，8：72－76.

[160] 孙靖民. 机械优化设计 [M]. 北京：机械工业出版社，2006. 167－173.

[161] Yong Jin, Jialiang Weng, Zhaoba Wang. Conjugate Gradient Neural Network based Online Recognition of Glass Defects [J]. Concurrency and Computation: Practice and Experience. 2016.